所有问题都是可以解决的

[美]玛丽·弗里奥(Marie Forleo) 著
韩旭 译

中信出版集团 | 北京

图书在版编目（CIP）数据

所有问题都是可以解决的 /（美）玛丽·弗里奥著；韩旭译 . -- 北京：中信出版社, 2021.5
书名原文：Everything Is Figureoutable
ISBN 978-7-5217-2948-1

Ⅰ. ①所… Ⅱ. ①玛… ②韩… Ⅲ. ①人生哲学—通俗读物 Ⅳ. ① B821-49

中国版本图书馆 CIP 数据核字（2021）第 048317 号

EVERYTHING IS FIGUREOUTABLE by Marie Forleo
Copyright © 2019 by Marie Forleo
Published by arrangement with Taryn Fagerness Agency
Through Bardon-Chinese Media Agency
Simplified Chinese translation copyright ©2021 by CITIC Press Corporation
ALL RIGHTS RESERVED

本书仅限中国大陆地区发行销售

所有问题都是可以解决的

著　　者：[美] 玛丽·弗里奥
译　　者：韩旭
出版发行：中信出版集团股份有限公司
　　　　　（北京市朝阳区惠新东街甲 4 号富盛大厦 2 座　邮编　100029）
承　印　者：中国电影出版社印刷厂

开　　本：880mm×1230mm　1/32　印　张：10.5　字　数：164 千字
版　　次：2021 年 5 月第 1 版　　　印　次：2021 年 5 月第 1 次印刷
京权图字：01-2020-3496
书　　号：ISBN 978-7-5217-2948-1
定　　价：52.00 元

版权所有·侵权必究
如有印刷、装订问题，本公司负责调换。
服务热线：400-600-8099
投稿邮箱：author@citicpub.com

献 给

我的父母

感谢你们抚养我长大,让我成为一个

活泼有趣、独立自信、懂得吃苦的人

> 力量不在外面,
> 力量在你之中。

目录

v 前言
　所有问题都是可以解决的

1 把想法变成行动

004 训练大脑以促进其成长
005 在拒绝之前先尝试
007 不要自找不快
008 付诸行动
010 与社群建立联系

2 信念的魔力

022 你在哪儿
026 信念影响下的人
030 从"在弱智边缘的差生"到大学生
032 你的信念从哪儿来
039 为什么我们的信念不易改变

3 杜绝借口

053 "不能"和"不会"的陷阱
066 三个常见借口
076 你可以这样做，也可以那样做

4 如何应对各种恐惧

099 你需要拥抱的 F 开头的词语
101 恐惧不是敌人
104 恐惧是你灵魂的导航仪
107 驯服恐惧
111 巧用语言的炼金术
114 恐惧与直觉：如何区分
117 失败的真相

5 定义你的梦想

133 决定你想要什么，是得到它的第一步
136 忠于自己，忠于梦想
139 利用注意力过滤器，找到目标
142 如何将成功率提高 42%

6 在准备好之前就开始

173 在未来正确地跌倒：十年测试
175 来自"不受欢迎玩具岛"的灵感
179 识别阻碍你的小谎言
184 "在准备好之前就开始行动"的附加细则

7 要进步而非完美

- 197 完美主义的危害
- 209 进步 vs 完美
- 213 选择正确的心态
- 214 六个实践策略

8 拒绝被拒绝

- 238 如何结束一场战争
- 241 拒绝承认失败
- 247 谢谢你不相信我
- 250 并非所有的批评都是对的
- 255 如何应对他人批评
- 258 目的是你坚持不懈的动力

9 世界需要你的独特天赋

- 269 不要放弃释放自己的力量
- 273 克服像个"骗子"的感觉
- 278 来自逝者的改变人生的建议

- 285 后记
  持久成功的真正秘诀
- 295 致谢
- 299 附录
  更多"所有问题都是可以解决的"实地记录
- 313 注释

前 言

所有问题都是可以解决的

> 显而易见的道理往往会被忽略，
> 直到有人把它们简单地表达出来。
> — 纪伯伦 —

我的母亲有斗牛犬一般的坚韧性格，长相神似琼·克利弗[①]，骂起人来也十分凶猛。她在新泽西州纽瓦克市的廉价出租房里长大，有一对酗酒的父母。因生存所需，她学会了如何省钱，能把一美元掰成两美元花，可能是你见到的极足智多谋的人之一。她曾经告诉我，她很少感到自己被重视、被爱，或者感觉自己是美的，但她坚守对自己的承诺：一旦长到足够大，就去寻找改善生活的方法。

[①] 琼·克利弗（June Cleaver），电影《天才小麻烦》里的一个角色，20世纪50年代美国完美主妇的形象代表，她以既温柔又严格的方式养育了两个儿子。——译者注

小时候，我记得我会和母亲一起读周日的报纸，寻找优惠券并剪下来。她教给我各种省钱的办法。她还教我，有些品牌的优惠卷可以作为"购买证明"，如果你将其攒下并寄回，就可以换来免费礼品（例如食谱书或炊具）。母亲最珍贵的物品之一是她从纯果乐①免费获得的晶体管收音机。那收音机的大小、形状和颜色都像个橙子，红白色条纹的天线像一根吸管一样从侧面伸出。她很爱那台收音机。

我母亲是那种闲不下来的人。我还是个小女孩的时候，总能通过那台纯果乐收音机发出的细微声音在房子或院子里的某个地方找到她。有一天，我走在放学回家的路上，听到远处传来广播声。当我靠近时，我意识到音乐声是从房子上面传来的。我抬起头，看到母亲坐在我们两层楼房的屋顶上。"妈妈！怎么了？你在上面做什么？！"

她大喊："没事儿，玛丽。屋顶漏水了。我给屋顶修理工打电话，他说要至少500美元，也许更多。真是疯了！刚好车库里有一些多余的沥青，我看修理它只需要几分钟。"

还有一次，我放学回家，听到收音机从屋后传来嗡嗡声。我跑过去一看，母亲在浴室里，周围是工具和裸露的管道，空气里

---

① 纯果乐（Tropicana），世界知名果汁品牌，诞生于美国的水果盛产地佛罗里达州，1946年开始正式进入饮料市场。1998年被百事公司收购，2007年进入中国市场。——译者注

全是灰尘。"妈妈，这是怎么回事？！"

"哦，我只是在重铺洗手间的瓷砖，"她说，"我看到了一些裂缝，我可不想让这里发霉。"

要知道，我母亲只读到高中。那是 20 世纪 80 年代——一个没有互联网、没有 YouTube、没有谷歌的世界，她总是行踪莫测，但我只要跟随收音机的声音就能找到她。

某一个秋日，我放学回家很晚，到家后感觉好像有什么不对。屋里一片漆黑，充斥着一种非同寻常的沉默。出事了？我战战兢兢地穿过房子。纯果乐收音机的声音在哪里？我母亲呢？然后，我听到了"咯哒"声。我跟随那声音，看到母亲缩在厨房的桌子边。那一刻，桌子看起来就像个手术台。我看到电工胶带和螺丝刀，还有散落着的无数微小的碎片——那是被拆卸的收音机的碎片。"妈妈，你还好吗？你的收音机怎么了？坏了吗？"

"没事儿，玛丽。没什么大不了的。收音机的天线坏了，调频旋钮有点儿脱落，所以我在修理它。"

那一刻我在那儿定住了，看着她施展魔法。最后，我问："妈妈，你是怎么知道这么多事怎么做的？你以前从来没做过这些事，也没有人教你。"

她放下螺丝刀，转向我，说："别傻了，玛丽。生活没有那么复杂，如果你下定决心并且卷起袖子去钻研、去做，任何事情你都能做成。要相信，所有问题都是可以解决的。"

我呆住了，不断地在脑海里重复着："所有问题都是可以解决的。一切都是可以想出办法的。哦，是的……"

所有问题都是可以解决的。

这句话和其背后的哲学在我的灵魂中扎下了根。从那时起，它成为我一生中最强大的动力。

它帮助我结束了一段存在暴力虐待的关系。大学时，它帮助我赢得了竞争激烈且数量较少的勤工俭学职位——以支付我的食宿费，并让我选上了想选的课程。在小时候，它也是我年复一年被拒，但仍继续尝试运动和加入啦啦队的原因。

它帮助我拿下我曾经做过的所有工作，从在曼哈顿最令人向往的餐厅里调酒到做收入丰厚的奇葩兼职（在超大型俱乐部卖荧光棒），再到在纽约证券交易所进行场内交易、在康泰纳仕集团做出版、教嘻哈舞、主演健身视频，以及为全球音乐电视台进行制作和编舞并成为世界上最早的耐克精英舞蹈运动员之一，尽管我没有受过正规的舞蹈训练。它帮助我摆脱了沉重的债务负担，摆脱了死胡同一般的感情，并常常在恰当的时刻挽救我最珍贵的关系。

它也给了我无畏的勇气，让我在23岁就开始创业，并在毫无头绪、没有经验、没有投资者、没有研究生学位、没有关系的情况下，将公司从零发展成价值数百万美元、具有社会责任感的教育媒体公司。它也是促使我开始使用第一代网络摄像头拍摄视频的动力，后来这些视频演变成数十年来屡获殊荣的在线节目，有来自195个国家的数千万粉丝收看。我之所以这样说并不是想炫耀，而是因为我深信所有问题确实都是可以解决的。

是的。即使你是从零开始的；即使你已经尝试过并失败了；即使你不知道自己在做什么，也不知道为什么事情总是出错；即使世界一次又一次告诉你，你做不到；即使你生来就面对非凡的挑战，或者发现自己处境艰难。也许你想知道这个观点是否可以帮助你应对悲惨的现实，比如当你处于绝望或无休止的挣扎中，面临下述情况时：

- 颠覆人生的可怕诊断
- 惨失孩子或其他亲人
- 从精神疾病中或被虐待后康复

是的。所有问题都是可以解决的，这种信念有助于我们有意识地面对艰难的现实。在整本书中，你会看到面对失去、疾病和心痛的平凡人取得胜利的故事。这些故事阐述了这个简单的信念是如何帮助我们拥有韧性、智慧和希望的，尤其是在我们最需要的时候。

无论你在面对什么，你都可以采取行动，
想出一切解决办法，成为自己想要成为的人。

虽然社会、你的家庭或你的大脑可能会让你相信你是个残次品，但你不是。你本质上没有任何问题。你不是个错误，不是个冒牌货，也并不软弱或无能。

显而易见，我们所有人在出生时都没有附赠用户使用手册。我们的教育体系没有训练我们如何使用自己的思想、信念、情感等内在力量和身体的智慧，没有教会我们如何养成成功者的心态、观点和实践习惯来应对生活中的挑战和体会真正的快乐与充实，也没有向我们展示我们拥有多少内在力量。令人遗憾的是，我们很少接受有关如何利用我们的天赋来改变生活的实践培训（如果有的话）。

此时此刻拿出行动解决这个问题的责任，就落在我们自己身上。就像伟大的诗人玛雅·安吉罗所说："尽力做到最好，直到你懂得更多。当懂得更多时，你就会做得更好。"这就是为什么我很高兴你正在读这本书，它将帮助你在知道更多的同时做得更好。

为什么你正在阅读本书这件事意义非凡

本书会改变你的生活。你可以用它来解决平凡的问题，例如修复坏掉的洗衣机或漏气的轮胎；你可以用它来建立公司、重塑健康或走向财务自由；你可以使用它来维护（或结束）一段恋爱关系或创造你梦想中最宏伟、最热情的爱情故事；你可以用它来摆脱长期的压力、悲伤、愤怒、沮丧、成瘾、焦虑、绝望和债务；你可以用它来发明突破性技术、学习新语言、成为更好的父母或更强大的领导者。最重要的是，你可以与家庭、组织、团队、行业、社区和世界上所有其他人一起使用"所有问题都是可以解决的"人生哲学，创造积极而重大的变化。

无论是作为个人还是作为集体，我们都面临着不容忽视的事件和境况。政治、社会、环境和经济的变化正在颠覆我们所熟知的生活。在美国，不到1/3的员工积极参与工作，这种势态已经持续多年。人们现在不满的是遭受严重的全球经济震荡，这还不包括因此所付出的情感、心理和精神代价，这种代价正在过度消耗着我们的灵魂和社会。全世界估计有3.5亿人患有抑郁症，抑郁症是致残的一大诱因，也是造成疾病负担的主要因素。在美国，2019年自杀率达到了近30年来的最高水平。

每天，我们在家里、餐馆和超市中丢弃的食物比养活近10亿饥饿人口所需的食物还要多[1]。作为一个物种，我们每年选择在冰激凌上花费高达590亿美元，但却在为地球上所有人类提供教育、保健和卫生的基本保障上仅仅投入了280亿美元[2]。系统性种族主义、腐败、污染、暴力、战争以及不平等和不公正现象，继续在世界各地制造痛苦。

但是，我们除非首先有勇气改变自己，否则就无法实现任何重大的改变。为了改变自己，我们必须首先相信我们能够做到。

我们将共同使用一种简单的信念，即所有问题都是可以解决的，从而激活我们改变生活的内在能力，并通过这种方式来激发我们周围有意义的变化。这就是为什么这本书现在在你手中。

我们需要你。我们需要你的心力、声音、勇气、喜悦、创造力、同情心、爱心和天赋，比以往任何时候都更需要。

1
把想法变成行动

> 旁观、哭泣和抱怨不会让你取得进步。
> 把想法变成行动，才能取得进步。
> —雪莉·奇泽姆—

想法很简单，并不意味着前进的道路就很容易。你需要谦虚、勇气、自我同情、不断尝试的意愿、幽默感和耐心（很多耐心）。正如卡洛斯·卡斯塔尼达所说："我们要么让自己悲惨，要么让自己坚强，工作量是相同的。"

在继续阅读之前，请遵循以下路线图，以确保你获得最大收益。一旦你掌握了这种高超的哲学，它就将成为你内心拥有的、永远不会失去的一种财富。

训练大脑以促进其成长

你的大脑是一台非凡的生物计算机,一直不断运行着对你有利或不利的程序。我希望你意识到两种破坏性的思想(你可以视它们为病毒),它们会在你学习新知识时弹出。应对它们的诀窍是捕获这些思想病毒并将其转变为有建设性的问题。为什么?因为大脑总要回答问题。无论你问什么问题,你的大脑都会立即开始寻找答案。当你将这些想法转变为有用的、富有成效的问题时,你就在训练大脑帮助你学习、成长和进步。

我们需要注意的第一个破坏性想法是"我已经懂了"。每当我们觉得自己已经知道某事时,我们的大脑就会松懈并关闭。下次当你听到自己在思考或说"我已经懂了"时,尤其是在你阅读本书时,请立即意识到该想法并转向关注成长型心态类的问题。问问自己"我能从中学到什么",带着真诚和好奇一次又一次地问"我能从中学到什么"。

你总可以学习到两件事之一。你可以学习到解读已经熟知的概念的新角度,或更可能的是,你会意识到你没有完全执行"已经懂了"的事情,没有把它变为现实。在知识层面上了解一件事截然不同于持续行动、掌握这件事并从中受益。所以,请保持谦虚。如果你遇到了曾听过的想法或建议,请不要忽略它,也不要说"随便吧,我已经知道了"。请更明智一些,问问自己"我可以从中学到什么",并训练你的大脑寻找新的联系、新的创见、新的机会和新可能性,骄傲自满会使你错失这一切。

训练大脑寻找新联系

要摒弃	问你自己
"我已经懂了。"	"我能从中学到什么?"
"这对我无用。"	"我如何让它为我所用?"

在拒绝之前先尝试

让我们先澄清一件事。我不想假装无所不知,这本书也没有所有问题的答案。但是在本书中,你将获得一个简单的框架和工具箱,它可以帮助你查找或创建自己的答案。如果你是一个热衷于故意唱反调的人,那么你可能已经在想:"不,玛丽。并不是一切事物都有解,比如X、Y或Z……"

你看,如果你非常尽力,我敢肯定,你可以想到一些在技术上无法做到的奇幻之事,或者技术上还未能实现的事。例如,你无法让你小时候的宠物狗起死回生(尽管有从事低温研究的科学家在做相关研究,也有人正在尝试克隆狗),也无法弄明白如何使人背部长出翅膀来(尽管我们人类确实可以飞翔)。

当然,没有科学证据可以证实我的假设(所有问题实际上都是可以解决的），但是如果你只局限于当前已知的一切，那么你将永远不会超越当前的状况。如果我的这整本书都是胡说八道，你还能想到另外一种更强大、更实用的哲学吗？你能想象到一种比"所有问题都是可以解决的"更有用、更具支持性的信念吗？

考虑到这些，这里说明一下三条游戏规则。我提倡的这一精神容器可以帮助你专注于重要的事情：你的成长、成就感，以及用与生俱来的智慧解决问题并为他人做贡献的能力。

规则1：所有问题（或梦想）都是可以解决（或实现）的。

规则2：如果一个问题无法解决，那真正的问题不是它，而是生命或自然法则中的客观情况（例如，死亡或地球引力）。

规则3：你可能不太在乎解决这个问题或实现这个特定梦想。没关系，找到另一个可以点燃你内心熊熊火焰的问题或梦想，然后回到规则1。

正如戴维·多伊奇所说："只要拥有正确的知识，除了自然法则所禁止的，其他一切都可以实现。"你不一定非要相信量子理论学家的话，或者我的话。相反，测试它，应用它，尝试一下，你自己去证实。

不要自找不快

就像把海盐碎撒在新鲜的地中海沙拉上一样,你会发现这本书里撒满了"咒骂"的字眼。我写作的口吻和我说话一样,原汁原味,由心而发。

你要问我对此有什么建议的话,那就是不要自找不快。如果你看到"一堆狗屎"或"狗屎风暴"之类的字眼会气得惊恐万分甚至大喘粗气,那么我们现在就礼貌地就此别过吧。同样,我选择通过使用"她"和"他"等代词来保持行文简洁。

请注意,这本书适合所有人,不分性别。在近 20 年的职业生涯中,我很荣幸能帮助人们在生活中取得有意义的改变。这些人来自各种社会、种族和文化背景,令人眼花缭乱,包括从 6 岁到 86 岁的人,无家可归的人,残疾人,沮丧和试图自杀的人,失去孩子、配偶和亲人的人,从可怕的虐待和成瘾中恢复过来的人,以及与绝症做斗争的人。

作为一名在美国出生的白人女性,我很清楚自己已经赢得了巴菲特所说的"卵巢彩票"。而这本书充满了引人入胜、丰富多样的故事,精彩程度远远超出了我自己的故事。虽然并非每件逸事、每个工具或练习都适用于你的情况,但请不要使用"你说起来容易,你如此____(幸运、掌握特权等)"的论点并因此错过探索可能有价值的概念的机会。

请记得问:"我能从中学到什么?这对我有什么用?"

我尊重你,尊重并赞赏我们之间的分歧。你拿起这本书的事实告诉我,我们有一些相似的基因。我们都既是学生,也是探求者。

虽然我不知道你过往或困苦的细节,但我确实知道:天生内在的力量是巨大的,你的潜力是无限的,你是独特、有价值、有能力的,并且配得上你发自内心的梦想。最重要的是,无论面对怎样的挑战,你都拥有应对和超越它的能力。

付诸行动

大多数书旨在帮助你获取新信息,有些是希望予人以新启发。我的意图远不止于此。我致力于帮助你取得成果。为此,你必须全力以赴,完成本书中"从知到行"的挑战。我说的是完全真诚至骨髓的承诺,因为仅仅"知道"是毫无价值的,采取行动是改变的唯一途径。

虽然并非每项练习都会促生令人醍醐灌顶的见解,但我们也无法预测哪个挑战将引发巨大的范式转变或是改变游戏规则的"顿悟时刻"。你将从自己的付出中获取这些结果。别只是在脑中想那些要求你写下答案的练习,而不动笔。不要对那些明确指定"现在就做"的练习说:"看起来很有趣,找个时间我要尝试一下。"

　　我也衷心建议你在日记本或笔记本上手写完成所有书面练习，如果可能的话，不要使用键盘。研究表明，与打字相比，手写笔记可帮助你更有效地学习、理解和保留新信息。不仅如此，手写可以迫使你的大脑放慢速度，让你能更清晰、更深刻地表达自己的想法和感受。用笔在纸上书写是一种神奇的方式，能让你接触到你内在最深刻的真相。

　　我建议你付诸行动，全力以赴做到最好。如果感觉不理解某个部分，请标记下它，之后再重读。关键是保持行动并继续前进。一种新的观点、视角或工具，就会让你的生活彻底改变。

　　你还会注意到，一些关键点会多次出现。任何重复都是我刻意设计的。重复是神经可塑性的关键原则。通过重复，我们重塑大脑，将好主意永久地变为新的生活方式和行为方式。

　　像生活一样，学习"所有问题都是可以解决的"是一条螺旋形的道路。你每次都会在不同的级别上一次又一次地遇到一些相同的问题。我的目标是帮助你掌握解决问题的基本思维方式和习惯。你无须在日常晨间工作中添加479个任务，也无须添加数十种复杂且耗时的技术。"所有问题都是可以解决的"只需要少数工具和原则，便可改变你的生活轨迹，简单、优雅又特别高效。

　　除非你付诸行动，否则本书中的任何内容均无效。请尝试这些想法、建议和行动至少 30 天。你花费了一生的时间来获取和巩固当前的信念和行为，因此自然需要一些时间重写脑回路。

我有信心，在一个月持续、真诚的练习中（每天都真诚练习），你会看到重要且显著的进步，足以鼓励你继续前进。

与社群建立联系

当与其他人一同协作应用时，"所有问题都是可以解决的"这一信念在效力上成倍增强（而且变得加倍有趣）。你将前所未有地更快实现你的集体目标，并收获更多喜悦、创造力和友爱精神。这就是为什么我一生中极大的乐趣之一是与拥有成长型心态、有创造力的灵魂联系在一起。当你实践"所有问题都是可以解决的"时，请记得与我分享你的胜利与突破。你还会在网上发现大量的免费资源、我和我团队制作的屡获殊荣的节目 *MarieTV*（《玛丽秀》）和 "The Marie Forleo" 播客的数百集视频内容（保证可以让你很快摆脱困境），并且找到这个星球上极善良、极具支持性的国际化社群之一。

正如你将会发现的，"所有问题都是可以解决的"不仅仅是一个抓人眼球的标题，而且是一门实用且可操作的学问，一个能帮助你尽力而为、心想事成的信念。它是一种心态，可以帮助你解决有意义的问题、学习新技能、找到帮助他人和为他人做贡献的方法。一旦树立了这种态度，你将势不可挡。

这里所说的势不可挡并不是指一切都会按你想要的方式发生，因为现实并非如此，也不是指你因此永远不会感到失望和不会面对拒绝、遭受失败或陷入极端挑战的境地——这些都是人生常态。我是从最深刻的角度来定义势不可挡，它意味着再也没有任何事物、任何人、任何恐惧、任何限制、任何环境可以阻止你。

我们开始吧！

"所有问题都是可以解决的"实地记录

> 她用"所有问题都是可以解决的"这一信念帮助她母亲在人生最后五个星期中得到了所需的照顾。

不久前，我看了奥普拉对玛丽的专访，我非常喜欢玛丽的信念，便与母亲分享了。我知道她一直在努力教我这个道理。她也很喜欢。

然后，突然一切都变了。我美丽的妈妈被诊断出患有胰腺癌。所有问题好像都不可解决了。但是当我更深入地去审视并且不再对正在发生的事情进行抱怨时,一些小事情变得可以解决和处理了。

比如为住在农村的母亲寻求护理;为她寻找她可以吃的特殊食物;为她争取医疗设备,令她可以在生命最后的日子(最后的五个星期)里在自己的家中度过。所以,我可以诚实地说:"是的,所有问题都是可以解决的。"你必须将大问题分解成小问题,才能解决它。

玛丽,谢谢你和你的团队。你对生活在世界另一端的两个人产生了影响。

– 让,于新西兰 –

2
信念的魔力

> 爱丽丝:"这是不可能的。"
>
> 疯帽子:"只有在你相信的情况下才有可能。"
>
> —《爱丽丝梦游仙境》(2010年电影版)—

我感觉自己就像个完全的失败者。不到一年前,我曾作为西东大学优秀毕业生代表发表毕业演说,然而现在我在这儿,坐在曼哈顿下城三一教堂的台阶上,流着眼泪。

作为家中第一个获得大学学位的人,我常有必须提高自己学业水平的压力。作为华尔街纽约证券交易所的场内交易助理,我感到自豪。这份工作薪水稳定,还有医疗保险。我很感激有这份工作,但是内心深处却感到自己在一点点死去。坦白地说,我对工作倾尽所有。我会很早就到办公室,一副严肃脸,拼命工作,以成为我所能成为的最好的交易助手。

但是,无论我多么努力,心里都始终有些不对劲。我内心有个小小的声音一直在窃窃私语:"不是的,这里不是你应该在的地方,这份工作不是你这一生应该做的事情。"

与我一起工作的人中,99.9%以上是男性,其中许多人喜欢在下午4点收市钟响起之后去俱乐部玩。那不是属于我的场合。更重要的是,我的男同事几乎每天都在旁敲侧击地骚扰我,令人厌倦至极。有一次,我为了抗议而剪短头发,以为硬朗严肃的外形会让别人更认真地对待我。这没有奏效,但是我尽力了,因为我不知道除此之外还能怎么办。我很困惑,因为从表面上看,与我一起工作的大多数人都实现了"传统成功"。他们拥有权力和安稳,每年赚取着数百万美元。但是在情感和精神层面上,许多人好像破产了一样。他们对每年两周固定假期的渴望之深难以想象,仿佛那就是他们人生唯一的指望。

有一阵子,我试图忽略心里的那个小小的声音,把音量调低,专注于手头的任务。但是,它却越来越响。有一天,我正在交易所忙碌,忽然感到身体不适,头晕目眩,呼吸困难。我告诉老板,我需要去外面喝杯咖啡。但我并没有去喝咖啡,而是直接去了最近的教堂,该教堂位于华尔街和百老汇的交汇处。

"我这是怎么了?"我问自己,"我疯了吗?我为什么不能停掉脑海中的这些声音?如果不干了,以后怎么办?我没有备份计划啊!我在这里就快要'死'了。"

我就这样哭着想了几分钟,然后对下一步的工作有了第一个头绪——打电话给父亲。一想到他花费了很多钱来供我上学，我就愧疚不已。当时，我正处于轻度的恐慌发作中，因为我想的是辞职，但是我没有其他工作作为备选职业，也没有其他方法来养活自己。

我坐在教堂的台阶上，翻开手机。（还记得那种翻盖手机吗？）在再次开始不可抑制地大哭之前，我几乎没能说出完整的句子。

"爸爸，我很抱歉……我不知道该怎么办……我讨厌工作的地方。我已经想尽一切办法，但无济于事。我想不通，我明明很感激能找到这份工作，也喜欢工作。说起来羞愧，我在脑海中一直听到一个声音。那声音说我不应该做这个，而是从事别的事情。但是它没有告诉我应该做什么去……我知道您和妈妈有多么努力供养我上学……"

我停下来擦拭脸、喘口气，这时候父亲插话说："玛丽，冷静一下。你一直都很努力。你9岁时就找到了一份工作！你会找到一种满足开销的工作的。如果你不能忍受这份工作，就离开。接下来的50年里，你都还要努力工作。你必须找到你真正喜欢做的事情。"

我不知道如何找到自己喜欢做的工作，甚至连尝试的想法都令我感到是极不负责任的。然而，我知道他是对的。不到一周，我就递交了辞职信，踏上了探索我在这个世界上到底要做什么的旅程。说充满恐惧是一种轻描淡写，但我那时也感到了前所未有的活力。

我做的第一件事是再次开始调酒和在餐厅端盘子,以支付房租。然后我申请了纽约市的帕森斯设计学院,因为我正在寻找有关我愿意做什么工作的线索。小时候,我喜欢艺术,所以我从艺术着手。但是被录取后,我改变了主意。回去上学也感觉不对。我所知道的是,我需要在工作中更具创造力。在寻找线索的过程中,我在波士顿找到了一个夏季成人艺术教育项目。我搬到某家日本艺术工作室上方的阁楼公寓中,继续为寻找可能的职业道路而绞尽脑汁。我唯一的线索是我喜欢人,我爱商业世界,而且我很有创造力。然后,我有了一个主意:也许我属于杂志出版领域。有道理!它兼有广告商谈的商务性领域和编辑的创造性领域。也许那就是我应该做的!所以,我回到纽约试了一试。

我拼命工作,最后找到了《美食家》杂志的广告销售助理一职。前几个月很棒,我喜欢学习广告销售,也很高兴能成为每月制作精美产品的团队的一员。我的老板聪明、善良。最棒的是,我的办公桌就在测试厨房旁边,编辑人员会带给我样品。(我提到过我喜欢食物吗?)一切似乎进展顺利。

但是当新鲜感消失之后,我开始理解这个职业的未来会是什么样子,并且又开始听到同样的声音:"这仍然不对,玛丽。这里不是你应该待的地方,你需要退出。"

不!不要再来一次!我充满了悔恨和恐惧。我到底怎么了?

我不明白。我喜欢工作。我在整个高中和大学期间做过很多工作。我为什么就是不开心呢？

我试图更加客观地看待情况，那时我意识到了一些有趣的事情。我对有朝一日做到我老板（广告主管）或老板的老板（出版商）的岗位毫无渴望。我心想，如果我不想在公司获得晋升，那我为什么要在这儿浪费他们的时间、浪费我自己的时间？

也许这些工作过于商业性。我的工作集中在销售上，关注钱和数字。那我的创造力呢？也许出版业对我而言是合适的行业，但我会更倾向于编辑方向。这值得一试。我充分利用自己的人脉，并获得了一家时尚杂志社编辑部时尚助理的职位。好吧，这一定就是我想要的了。我将与富有创造力的人一起做有趣的事情，参加时装秀、拍摄时尚大片、设计版面、查看所有最新的时装系列和配饰，不会有什么令我讨厌的了。

新工作起初令人兴奋。我喜欢结识新朋友，并学习编辑制作的方方面面。但是之后……那个声音又开始了。不到六个月后，内心的那个声音又回来了，这次更加强烈。"又错了，这仍然不是你。这不是你应该待的地方，也不是你投注一生的地方。"

强烈的恐慌开始了。我感到很尴尬、很困惑。坦率地说，我受到了伤害。我知道有一份工作是件很幸运的事。但是，与此同时，我的身体和心灵背道而驰。我感觉一切都不对，拼命地想找出原因。我的脑子坏了吗？我是否存在某种类型的认知、情绪或行为功能障碍？我是一个有职业承诺问题的失败者，永远成不了事吗？我怎么能在成为优秀毕业生，成为一个非常勤奋和敬业的工作者，又做过一系列梦想的工作之后仍然如此无知？

至此，我毕业已经有几年了。我的朋友们都在升职，过着成年人该有的生活。而我，我只想辞掉工作，再一次。

然后，在上班的某一天，我偶然发现了一篇有关一个崭新职业人生教练的文章（那是20世纪90年代后期，当时这个职业还很新）。人生教练是一个新兴职业，致力于帮助人们设定、实现个人和职业目标。引起我共鸣的一点是人生教练与心理治疗的区别，治疗是要治愈过去，人生教练则是指导与创造未来。[1]

我问自己："玛丽，你才23岁。有哪个头脑清醒的人会雇用一个23岁的人生教练？你还没怎么生活过，更不用说你连一份工作都保不住。你真是一团糟。你负债累累，无法为别人提供什么。你以为你是谁？！你疯了吗？！这是最愚蠢、最愚蠢的事情。另外，我们能否谈谈'人生教练'听起来多么俗气？"

虽然有自嘲的阻碍，但我无法否认应聘人生教练在我内心深处感觉是多么的正确，那种持续且坚定的正确感是我从未经历过

---

[1] 我在大学最初读的是心理学专业，但是当我的老师以"你将会发现，一切的错误都可以追溯到你的父母……"开场，继续到第四分钟时，我就离开了教室。在17岁的时候，我就明白将生命中的错推给父母是没有用的。我走进了学院的教务办公室，立即将我的专业转到了工商管理。

2 信念的魔力

的。无论我多么努力，我都无法摆脱这个想法。几天之后，我参加了一个为期三年的人生教练培训计划。我工作日白天在杂志社工作，工作日晚上和周末学习。

培训大约六个月后，我接到了康泰纳仕集团人力资源部的电话。他们要提拔我去 *Vogue* 杂志，这意味着更多的钱和更多的声望。这就是我的分岔路口。我要拥有稳定的薪水和医疗保险，并为世界顶级时尚杂志工作，还是辞职并开始自己怪异的教练业务？对此，我心中爆发出强烈的恐惧感……

> 人生教练是有史以来最愚蠢的事情。
> 你不知道要如何开始或经营业务。
> 你以为你是谁？！
> 真是疯了。
> 你是一个失败者。
> 每个人都会嘲笑你。
> 你负债累累。
> 你真是一团糟，你无法帮助任何人——你在跟谁开玩笑？
> 看吧，这是你将要做的另一件失败的事。

然而，我心中一个更加平静的无言存在将我推到了公司的大门之外。我拒绝了新职位，也辞掉了工作。

在接下来的七年中,我慢慢地(非常、非常、非常缓慢地)建立了自己的事业,同时通过调酒,做服务生,清洁厕所,做个人助理,教授健身、舞蹈等(你能想到的所有方式)来养活自己。将近20年后,我可以说,让我能够实现这一飞跃的唯一原因是,我内心更深刻、更聪明的一部分相信我能够以某种方式解决问题。

你在哪儿

每一个行动最初都始于一个想法。

-爱默生-

现在环顾四周,行动起来。

无论你身在何处,在做什么,停止阅读并留意你眼前的每一件事。了解你手中拥有的物品(包括本书)、附近的设备、所穿的衣服(如果穿了的话)、支撑你坐着或站着的物体,以及任何其他围绕着你的物体。

我看到的是:被我的指纹弄脏的笔记本电脑屏幕,一个咖啡杯,一个放满了杯子、花瓶和书籍的木制橱柜,一本螺旋装订的笔记本,几瓶酒。这些还只是显眼的东西。

我们很有可能都坐在有着电力、室内管道和Wi-Fi(无线上网)等现代奇迹的房屋之中。你是否意识到其实围绕我们的一切几乎

2 信念的魔力

曾经都仅是一个想法、一个点子,是某人狂野而无形的幻想的一部分?

你看过的每部电影,听过的每个故事,读过的每本书,让你唱过、跳过、哭过的每首歌,都经历了从无形世界到有形世界,从无形的想法到具体的现实。人类的头脑是神奇的创造机器,是我们所经历的每一次非凡体验和人类历史上所有重大突破的发源地。我们的想法给予我们为自己和他人创造现实的力量,因为——

> 物质世界中的一切首先都是在思想层面上创造的。

6 岁的时候,我和父母一起在纽约市中心散步。突然,一个念头浮现在我的脑海:有一天我会住在这里。

这个想法毫无疑问是令人兴奋的,我不禁大声地说出来。我停在人行道中间,双手高举,大喊:"长大后我要住在这里!"

我母亲不解地说:"你在说什么?我们住在新泽西州。那儿是你上学的地方,你朋友所在的地方,也是我和你爸爸所在的地方。那儿就是你的归属。"

"不,妈妈,我属于这里。等我长大后,我将住在这里,在这里工作并拥有自己的公寓。你会看到的!"

我花了 17 年的时间,最终把这个想法变成了现实。实际上,西村（West Village）是我住在纽约近20年来唯一被我称为家的地方，距最初那个6岁孩子高喊要住的地方仅几个街区。

我敢打赌，你也有一个把想法变为现实的故事。最初，你只是想看、想做、想创造、想体验或想成就某件事，而最终你做到了。

你最初的想法也许是关于提升你的学历、参加一项运动、学一种乐器，或者从事某种特定职业；也许是关于制作或开发某样东西；也许是关于到特定的地方旅行、学习技能、建立某种关系或开始某种业务；也许是关于治疗成瘾或摆脱债务。最初，这个想法可能看起来很遥远，你可能不知道如何实现它，甚至都不知道是否有可能实现它，但是最后你以某种方式将这个想法变成了现实。那可是惊人的力量，不是吗？可悲的是，我们许多人觉得这理所当然。因此，我们必须提醒自己：任何事情，如果不先存在于我们的头脑中，就无法真正出现在我们真实的世界里。

这是我们被赋予的通用天赋，帮助我们塑造生活，并与他人共同建构我们周围的世界。我们是天生的创造者，拥有与生俱来的力量，可以将我们的想法和愿景变为现实。我承认下面这是简化的版本，但是创建过程的确就像这样：

想法→感受→行为→结果

虽然这个公式看起来似乎极度显而易见，但我们很容易忘记它——特别是当它与我们想要解决的事情相关时。

在我们的想法背后，存在着更深层次的力量，指导和控制着我们的生活。无论是对个人，还是对集体，它都是从无到有过程中的关键组成部分。实际上，这股力量塑造了我们的思想和感受。它决定了我们行为的方方面面：我们有多少睡眠，我们选择吃什么，我们对自己和他人说什么，是否运动，做多少运动，以及如何运用时间和精力。它帮助我们建立自我价值和净资产；它影响我们的健康并助长我们的情绪；它决定了我们关系的质量，并最终决定了我们是过着喜悦、有成就和有贡献的生活，还是悲惨、痛苦和有遗憾的生活。

这种力量左右着我们采取的每一个行动，以及我们如何解读和回应我们周围的世界。这种更深层次的、主导性的力量就是我们的信念。信念是我们生活的隐藏脚本。

就像火车轨道一样，信念决定着我们去往何处以及如何抵达那里。在我们开始讨论有明确定义的概念之前，让我们暂时使用一个共同的定义：信念是你完全肯定且绝对确定的东西，是你所决定相信（无论是有意还是无意）的真理。信念是我们的现实和结果的根基。

因此，我们的创造公式如下：

信念→想法→感受→行为→结果

为了解决任何问题、实现任何梦想，我们必须首先在信念层面上做出改变。当你改变信念时，你就会改变一切。

信念影响下的人

事实证明，我们的信念也控制着我们的身体。医学博士杰罗姆·格罗普曼在他的著作《解剖希望》(The Anatomy of Hope)中写道：

> 研究人员发现，改变心态可以改变神经化学物质。信念和期望是希望的关键要素，它们可以通过释放大脑的内啡肽和脑啡肽，以及模仿吗啡的作用来抑制疼痛。

从知识层面上讲，你明白这一点。假设你在森林里远足，看到前方几米远处有一条长长的、黑色且呈"S"形的东西，你的心脏立刻猛烈跳动起来，手掌出汗，全身紧绷。"那是蛇吗？！"即使你发现那条"蛇"是一根棍子，你的生理状态也会根据纳秒内可能发生危险的想法而改变。这种过程也会以更微妙的方式发生。当有重要的人打来重要电话并将我们的注意力转向完全不同的方

2 信念的魔力

向时,我们原有的头痛立刻消失了,或者在最后一分钟出现激动人心、"不可错过"的邀请时,我们奇迹般地从不适或疲惫中恢复过来了,试问我们谁没有这样的经历呢?

你一定听说过安慰剂效应。如果没有,那我告诉你,安慰剂效应就是如果你相信某种东西(例如布洛芬类止痛药)可以帮助你感觉更好,即使你只是服用糖丸,它也会奏效。但是,安慰剂手术呢?

下结论前,先看看以下案例。骨外科医生布鲁斯·莫斯利对关节镜手术的好处表示怀疑,所以他进行了相关测试。他进行了一项随机、双盲、有安慰剂对照组的临床试验(这种试验是科学研究的黄金标准)。

在这项研究中,他的一些患者会接受完整的膝关节手术,其他人则接受假手术——他们将经历真实手术的所有流程(被送进手术室、看到穿白大褂的医生、被麻醉等),但只在膝盖部位接受一些浅切,并在被给予治疗方案和止痛药后回家。接受真正手术的患者中有1/3的人疼痛得到缓解。但是令研究人员惊讶的是,接受假手术的患者中有1/3的结果与前者相同。在研究中的某一时刻,接受假手术的人比接受真正手术的人获得了更好的结果!

还有另一个例子。1962年,《九州医学杂志》收录了一份惊人的报告,内容涉及一项针对13个对日本漆树叶子(毒效类似毒藤)过敏的男孩的实验。

研究人员让 13 个男孩闭着眼睛,并告诉他们,他们的一只手臂触碰了有毒的日本漆树叶子。不出意料,所有男孩的手臂都出现了剧烈的皮肤反应,包括发红、瘙痒、肿胀和起水泡。结果你猜怎么着?实际上,他们的手臂只触碰了一种完全无毒无害的植物的叶子。

然后,研究人员进行了相反的操作。13 个男孩在闭着眼睛的情况下,被告知他们的另一只手臂碰到了无害植物的叶子,但实际上碰到的是漆树叶子。这次,13 个男孩中有 11 个没有出现过敏性皮肤反应——真的完全没有,尽管他们对这些会导致红疹的漆叶高度敏感。

无害的叶子引发了剧烈的皮肤反应,这种反应还大于实际有毒叶子所引起的反应。这些强烈的身体反应只因信念的巨大力量而产生。[1]

信念还可以增强我们的认知能力。在一个颇有深度的小型实验中,40 名本科生参加了常识测验。在实验之前,有一半的学生被告知,在每个问题之前,正确的答案将在他们面前的屏幕上短暂闪过,但快到让他们意识不到。该研究的设计者乌尔里克·韦格和斯蒂芬·洛克南写道:"我们告诉他们,虽然他们不能有意识地认出闪烁的内容,但他们的潜意识仍然可以找到正确的答案。"

实际上,屏幕上并没有显示正确答案。那组学生在屏幕上看到的是一串随机的字母。结果呢?在参加常识测验的两组学生中,相信会在潜意识中找出正确答案的学生比未被告知的学生得分高出很多。[2]

信念是行为和结果的主要指挥官。信念控制着我们的身体以及我们如何应对危机、批评和机遇，告诉我们要注意到什么，要专注于什么，某件事意味着什么以及我们该如何做。你的信念塑造着你的现实这一事实是不可否认的，它会在身体、情感、精神、财务、智力和文化上影响你。请记住以下重要事项：

长期来看，你的信念决定你的命运。

信念创造行为，这些行为的累积会组成你的一生。

每个信念都有结果。你的信念会治愈或伤害你，它要么支持你的愿望，要么挫败。信念既可以限制你，也可以解放你。真实情况是怎样的可能并不重要，你相信什么才重要。

因为无论你相信什么，你都会做出反应。正如亨利·福特所说（虽是陈词滥调，但依然是事实）："无论你认为自己是做得到，还是做不到，你都是对的。"那么，这是否意味着只要有足够的信念，任何人都可以做到或者实现自己想象到的一切？不，不是的。始终如一的行动、创造力和承诺都要参与其中并发挥作用。

但有一件事是肯定的：如果你不相信自己有可能，那你就不可能。当你告诉大脑"这不可能""我不能"或"那永远不会对我有用"时，你百分之百正确。你命令大脑停止思考，你的身心就会遵从指令。

虽然我们作为个体的潜力是不可知的，但可以确定的是，有限的信念带来有限的结果。

从"在弱智边缘的差生"到大学生

考试成绩和学业成就测试分数可以告诉你学生目前的状况，但是不会告诉你学生未来会去向哪儿。

— 卡罗尔·德韦克 —

在教育界，玛瓦·柯林斯是一个传奇。有人认为她是我们这个时代极伟大的教师之一。在公立学校系统任教16年后，幻想破灭的玛瓦从退休金账户中取出了5000美元，并于1975年在伊利诺伊州芝加哥市开设了西部预备学校（Westside Prepratory School）。她的目标是开设一所接纳被其他学校拒绝的学生——在其他学校，这些学生被认定为具有破坏性，并且本质上难以被教化。她的使命就是证明如果给予适当的关注、支持和指导，所有孩子都可以好好学习。

玛瓦的能力令人印象深刻，以至于里根总统邀请她担任教育部长。但她拒绝了，因为她要通过教学本身一名一名地去改变学生。一部激动人心的电影作品讲述了她的故事，由西塞莉·泰森和摩根·弗里曼主演。1994 年，美国歌星普林斯甚至在自己的音乐录影带《世界上最美丽的女孩》(The Most Beautiful Girl in the World) 中特别融入了玛瓦的角色。

一位名叫埃丽卡的学生 6 岁时来到了玛瓦的学校，她被认为是个没有希望的学生。埃丽卡分享道："有人告诉我，我在弱智的边缘。我可能永远学不会读书。"这可是个极具破坏性和毁灭性的信念！（出于同样的原因，爱迪生的老师说他"太愚蠢，无法学任何东西"。爱因斯坦直到 4 岁才讲话，7 岁才会阅读。）

玛瓦并没有因此而感到沮丧。埃丽卡在西区预备学校开始学习，玛瓦让她相信自己可以学会阅读和写作。这不是玛瓦的希望或愿望，而是一个无可反驳的事实。玛瓦还教会了埃丽卡重视纪律、尊严和不懈的努力。

大约 16 年后，哥伦比亚广播公司的《60 分钟》(60 Miuntes) 节目报道了玛瓦和她的学生，事实证明埃丽卡确实学会了读写。事实上，她刚刚从诺福克州立大学毕业。[3]

花一点儿时间思考一下。你能想象如果埃丽卡继续相信所谓专家所说的，她永远学不会读书或写作，甚至根本无法学习，她的人生将会有多么大的不同吗？你能想象这一信念会在情感和经济上对埃丽卡的家庭造成怎样的毁灭性连锁反应吗？

现在想象一下，有成千上万的学生因接受玛瓦坚定的信念而永远改变了生活。想一想这些家庭，他们永久地受到了一个女人对孩子内在潜力的坚定信念的影响。

借此，我们也可以看到限制性信念可能会造成多大的悲剧和灾难。它不仅影响我们的自我意识和成长能力，而且影响我们一生的轨迹以及我们为社会做出有意义的贡献的能力，因为——

当你改变信念时，你便会改变一切。

我们的信念要么推动我们前进，要么阻止我们发挥最大潜力。我们的信念决定着我们是失败还是成功，以及我们如何定义成功。想象一下数十年来赋予美国女性投票权所需的坚定信念、行动和决心，或是约翰·肯尼迪总统和美国宇航局的团队对我们可以将人类送入太空并在月球上行走的坚定信念——在100年前，这似乎是个荒谬的想法。信念是一切的起点，是人类从科学到体育、商业，再到技术和艺术领域的每一个非凡发现和跨越式发展的起源。

信念在我们生活中所拥有的力量再怎么强调也不为过。但是，我们在开始改变信念之前，先了解它的来源会更有帮助。

你的信念从哪儿来

她无法控制地哭泣，挂了电话，弯下腰，使视线与我的齐平。

信念的魔力

她抓住我的肩膀,摇了摇我,说:"永远永远不要让男人控制你的生活,玛丽。你需要自己赚钱,需要控制自己的钱。别像我一样傻,不要犯同样的错误。你听见了吗?你知道发生了什么吗?这些年来,我什么都没有,没有……"

这是母亲在和父亲签署离婚文件的那天对我说的话,当时我8岁。她签完文件后,就将头埋在手中,然后抽泣。我站在那儿,在我们的厨房里冻得发抖。我不知道如何使事情变得更好,以及什么时候会再见到我父亲。

一切都让我感到不稳定、不安全。

母亲为什么会哭?我怎样才能使一切变得更好并让父亲回来?我怎样做才能确保类似的事情不再发生?

有一件事是很清楚的,即我知道我的父母不是为毒品、酒精或赌博而离婚。问题是关于金钱,总是关于钱。具体地说,母亲对钱没有掌控。更宽泛地说,钱好像永远不够用。

我想要的只是让这个家破镜重圆。不知不觉中,关于金钱、男人以及世界运作方式的一套强有力的信念开始在我脑中形成。这些信念听起来像这样:

> 金钱不足 = 巨大的压力、痛楚和苦难
> 金钱不足 = 失去爱、安全感、亲密关系和家庭
> 让男人控制你的钱 = 愚蠢和无能

让任何人控制你的生活＝最终会感到遗憾和痛苦

显然，这些信念并非事实，但是当我8岁的时候，这些就是我认为重要且真实的想法。通过听取成年人的话，以及所处的情绪状态和环境中，我得出了这些结论。

我们最关键的信念是在重要的感情经历中形成的，其中许多发生在童年时代。情绪越强烈和深刻，就越有可能影响、塑造我们的生活。

当我和母亲一起站在厨房里时，我向自己做出了最深的承诺：总有一天，我会想出一种赚很多钱的方法，那样我们即使暂时缺钱也不会再失去爱。金钱短缺造成的压力和不稳定是我无法忍受的，所以我的目标是要赚足够多的钱。赚钱不是为了购买玩具或拥有其他物质，而是让我重获爱和减轻痛苦的工具。我记得我经常在电视上看到那些经典的、资助需要帮助的儿童和动物的"每天一美元"广告。每个广告商都说"只花一点钱"就可以帮助"创造改变"。我产生了一个信念：如果我能赚很多钱，我不仅要帮助自己的家人，还要帮助其他人。

回顾过去，我很容易看到自己儿时总是在想诸如"缺钱"和"钱永远不够用"等问题，这也解释了为什么我成年早期总是担心赚钱的问题。我负债累累，多年因于自身价值和挣钱能力方面的问题。

但是，我从未忘记我做出的承诺——有一天，我要找到解决赚钱问题的办法，赚到足够的钱来与人分享。在我20多岁的时候（那时候我受够了穷光蛋的日子），我开始沉迷于重塑我的财务观念和行为。我自学个人理财知识，清除了我对金钱的负面信念，并养成了我至今仍感激的良好理财习惯。

梳理我们过去的信念是非常有用的，这不是一个全有或全无的游戏，我们不必拒绝所有我们曾经认为是对的东西。一些有用的信念只有在被质疑和挑战过之后，我们才能确定它们值得保留。那么，这复杂的信念网络最初是如何建立起来的呢？让我们简单地看一下。

1. 环境

当你来到这个世界时，你的大脑是中立且自由的。它不包含任何设定，没有意见、知识、偏见或信念。然后，就像海绵一样，你开始吸收来自家人、朋友、看护者、学校、文化和社会的关于自己和他人的看法。正如我们学会走路和说话一样，我们也学会了相信。一点一点地，我们的环境用各种信念来训练我们的大脑，这些信念涉及爱情、健康、性、工作、身体、金钱、宗教、审美、人际关系——应有尽有！最重要的是，我们的环境训练大脑形成关于自己能力的信念。

这时，情况变得有点险象环生。我们许多根深蒂固的信念是上一辈传下来的。它们往往是陈腐古旧、未经审视、不容置疑的，而我们却天真地从别人那里接收并吸收了它们。我们并没有花时间对这些信念进行检视、质疑和选择。遗憾的是，许多这种二手信念与我们试图实现的目标背道而驰。

需要明白的是，对于这些传下来的信念，我们的父母、老师和其他看护者尽了最大的努力去筛选。每个人都尽力而为，这让责备和怨恨无处安放。但重要的是，我们要认识到，无论是积极的还是消极的，我们的环境都是我们当前信念极重要的来源之一。这对于年幼的我们如此，对于已成人的我们亦然。因此，我们要时刻留意周围的环境，尤其是在努力接受新的、更具支持性和扩展性的信念时。

2. 经验

直接经验可以帮助我们进一步巩固我们对自己、他人和整个世界的信念。自然，这些信念通常会受到我们所继承的信念的影响。

我爱坐过山车，那种在快速、滑动、加速行驶的过山车上感到的愉悦和活力很难表达出来。它是我第一次学会与父亲一起享受的东西。但是我知道很多人甚至不肯接近过山车！根据他们的经验，过山车意味着恐怖、焦虑和眩晕。

随着时间的流逝，正面和负面的直接经验不断累积，并逐渐凝聚成关于我们的身份、我们的现实，构成更坚定、更深入的信念。

3. 证据

基于证据的信念，是我们从权威人物和信息来源（科学家、学术研究、医生、学者、作者、媒体）接收的、被视为"真理"的思想和意识形态。但是随着技术、科学和文化的进步，真理也在发展和进步。因此，我们基于证据的信念可能并且确实会随着时间而发生变化。这是个好消息，因为它表明，不论是个人还是社会，都可以发展和改变已有信念。请记住，人类曾经相信世界是平的，相信人造黄油比动物黄油更好，相信冰锥额叶切除手术可以治愈精神疾病。那些日子过去了，你不高兴吗？

4. 实例

奥普拉·温弗瑞16岁时，在电视上看到了芭芭拉·沃尔特斯。她深受感动和鼓舞，于是对自己说："也许我也能做到。"奥普拉继续分享道："在我的职业启蒙方面，没有其他女性比她发挥的作用更大。"[4] 奥普拉这句话的意思不是芭芭拉·沃尔特斯通过推荐她从事广播电视工作启蒙了她。她说的是这样一个事实：仅仅在电视上目睹另一名女性就打开了她关于自我可能性的认知大门。我们很难成为未曾见过的模样（要成为，我们必须先看见）。

在自己的直接圈子之外寻找榜样是超越自身局限性信念的极佳、极有力的方法之一。这个榜样可以是今人，也可以是故人；可以是名人，也可以是不知名的普通人。你可以通过阅读传记、看电影、听访谈，或者只是密切关注生活中的好人来找到鼓舞人心的榜样。

5. 愿景

有时候，我们虽然没有任何榜样可以参照，向其寻求灵感，但是对可能性存在的信念却在我们的内心深处燃烧，推动我们全力以赴去实现梦想。罗杰·班尼斯特在1954年突破了4分钟跑完1英里①的跑步纪录就是一个例子。在他之前，没有人实现过这一目标，但他深信自己可以做到，所以他做到了。然后，无数其他人也跟着做到了。

马丁·路德·金描述了一幅自由与平等的全新愿景。在他著名的演讲《我有一个梦想》中，他分享说："我有一个梦想，有一天

---

① 1英里约等于1.6米。——编者注

我的四个孩子将在一个不是以他们的肤色,而是以他们的品格优劣来评价他们的国度里生活。"

马丁·路德·金改变了我们的文化,如今有数百万人还在为实现他的梦想而努力。愿景背后的信念似乎是另一种意识层面(我们的直觉、某种内在的声音或视觉)上的,在我们的内心之火中得到了锻造。

为什么我们的信念不易改变

> 我们看到的往往不是事物的真实状态,
> 而是我们自己的状态。
> — 阿娜伊斯·宁 —

上述所有五个来源相互交错、重叠和作用。它们往往会被巩固、加强,如果我们不注意的话,这可能会阻碍我们更新信念。例如,也许由于父母离婚,你形成了婚姻不会持久的信念。然后,你本人经历了离婚,进一步巩固了这一信念。"看吧!结婚就是不值得的麻烦。"你不难发现有更多证据可以进一步证明这种信念是"真理",快速搜索后的统计数据显示:

40%~50%的初婚以离婚告终。[5]

在美国，大约每36秒就有人离婚。[6]

每天将近有2 400次离婚——每周16 800次离婚，每年876 000次离婚！

你很有可能会通过接收并传播家人、朋友和媒体讲述的婚姻破裂的故事，来继续巩固"婚姻不会持久"的信念。

这凸显了关于我们信念的另一个基本事实：我们的大脑倾向于强化我们已经相信的东西。这种有据可查的现象被称为"证实性偏差"。简而言之，证实性偏差意味着我们会寻找并发现支持我们信念的证据。我们挑选可以证实我们已知之事的信息，同时（有意或无意地）忽略挑战我们现有信念的信息。

在这种情况下，你发现的任何一对幸福婚姻的例子要么立即被你视为侥幸或谎言，要么甚至根本不会出现在你心理雷达的探测范围之内，因为它与你现有的信念不符！

证实性偏差的作用很强，深至骨髓。在宗教、政治以及自我身份等方面，它的作用尤为突出。这有助于我们理解为什么有关女性生殖权利、气候变化、移民、种族、枪支管制等话题的社会、政治和个人讨论可以迅速演变为吵架大赛。

我曾与我的家人进行过此类"辩论"，知道结果总是不尽如人意。证实性偏差开始作用时，就像打开了地狱之门。在我的世界中，这意味着很多超夸张的手势和粗俗下流的单词。有时我们最终会笑起来并改变话题，有时我们则会更沉迷于蜷缩在自己的固有信念中，越陷越深。

虽然我们无法完全消除证实性偏差，但是意识可以帮助我们。在了解了我们的大脑天生会增强我们已有的信念（同时自动删除任何相背的内容）后，我们可以尽最大努力保持大脑开放的态度。于是，我们便朝着驾驭大脑迈出了一步，而不是被大脑驾驭。你要记住的最重要的事实是：

所有信念都是一种选择，选择是可以改变的。

这就对了。你的信念是一种选择，每一个信念都可以被选择。因为所有的信念都是学来的——不管是有意识的还是无意识的，那些造成伤痛、悲哀和苦难的信念都是可以被解除、被释放的。

任何限制性的信念都可以被消除和替换。最重要的是，改变信念不一定很难，只需要你觉察、渴望和实践。当你更仔细地去观察时，信念不过是一个你认为重要且真实的想法而已。仅此而已！没有任何实物可以将某个信念固定在你的大脑里，没有钢筋，没有挂锁，没有铁链。就像你脑海中出现的其他想法一样，你可以选择消除它。

你已经具备将自己从一个被动的旁观者转变为创造自身命运的强者所需要的条件。所以，如果你对自己选择的任何一个信念不满意（或无意识地接受了别人的信念），就请再选择一次。

再来一次。

再来一次。

再来一次。

要从你的信念中解脱出来，第一步就是注意到哪些信念在给你带来伤害或痛苦。通过练习，提高你对自身想法（信念）的意识，并明白在任何时候，你都可以决定是否要继续相信某个信念。

研究证明，我们的大脑具有很强的适应性。大脑就像肌肉一样，随着你的使用而改变并增强。科学家常把这称为"可塑性"。神经科学的研究表明，我们会发展出新的神经网络，训练大脑以新的方式思考。无论什么想法，如果我们经常带着最强烈的情绪去思考它，我们就会强化它。从生理上说，我们会强化和生成相关神经网络，这意味着我们可以把信念植入大脑和神经系统中。那些我们不使用或不强化的想法，则会渐渐弱化，最终消逝。

是的，永久改变你的神经通路需要专注、重复和坚持。但是说真的，除了通过物理上重塑大脑来助你过上更好的生活，你还能想到更好地利用自己时间的方式吗？一旦确立并加强了新的信念，那些新的行为方式就会变成习惯。这意味着更少有意识的努力可以带来更好的结果。

我们的目标是增强支持我们的信念，并消除对我们无益的信

2 信念的魔力

念。令人兴奋的是,我们无须扮演夏洛克·福尔摩斯,也不必追捕在脑海中晃荡的所有限制性信念。相反,我们将采用更智能的省时方法。你所需要的只是一个核心的元信念,它是一把万能钥匙,可以打开你意识城堡中所有想象之门,就像拨动开关后,立即能打开一个充满无限潜力的场域。如果你还没有猜到,那我现在告诉你,本书的全部目的就是激发你接受"所有问题都是可以解决的"这一至高无上的信念!

就像推倒第一块多米诺骨牌一样,这个信念引发了认知链反应,提高了所有其他可能性。一旦你在功能和操作上都接受了这个信念,而不仅仅是在概念上,世界上就没有任何东西可以阻止你。

让我们现在就开始重塑大脑。(请记住,重复是神经可塑性的关键原理。)

大声说出以下内容,即使这感觉很傻。

所有问题都是可以解决的!

好。

现在再次大声说出来,至少5次。每次,都要以更大的精力、激情说出来,要有气势!

所有问题都是可以解决的！
所有问题都是可以解决的！
所有问题都是可以解决的！
所有问题都是可以解决的！
所有问题都是可以解决的！

跟自己立下承诺，尽可能经常地大声在心里说出这句话。每天5次、10次、50次，使其成为一种仪式。为什么？因为——

宇宙中最强大的话语就是你对自己说的话。

通过用足够的能量将这句话重复足够多次，你将牢固地树立这一信念，更深层次地唤醒你的意识。

早上醒来时说"所有问题都是可以解决的"，淋浴唱歌时把它唱出来，在你的日记里把它写出来，在锻炼时把它喊出来（你越动用身体和情绪去表述它，这种信念就会越深地植根于你的体内）。每当在夜间辗转反侧时，你就把它说出来。你思考得越多，说得越多，写得越多，感受得越多，就越能在大脑中强化相关神经通路。

很快，你将充满创造力、自信和权威感。不知不觉中，"所有问题都是可以解决的"不仅将成为你最珍贵的信念，而且将成为你现实的基石。

从知到行

如果我不相信可以找到答案,那我就会找不到。

_ 弗洛伦斯·萨宾博士

拿一个本子并写下下面问题的答案。请记住,如果你只是默默地思考这些答案,那么你将不会获得任何结果。请拿笔写在纸上,不这么做就相当于半途而废。

1. 你为什么拿起这本书?你要解决、更改或认清什么?你可能有一个清单,那很好。请全力以赴,然后选择你现在要进行的最重要的改变(如果不确定哪个最重要,我们将在第 5 章中介绍,你可以看完第 5 章后再对这一问的答案进行修改)。

2. 到目前为止,有哪些负面或限制性信念阻止你解决这些事?你对自己、自己的能力、他人、世界或现实有什么看法?这使你无法一鼓作气地进行改变吗?

3. 现在,划掉每条负面或限制性信念,并在旁边写下"胡扯"。(去做吧,这很有趣!)

4. 接下来，探究为什么这些负面信念确实都是胡扯。站在反方提起诉讼，从完全相反的角度出发，找出最好、最激昂的案例。（提示：你自己更深刻、更明智的部分已经知道那些限制性信念是胡说八道，否则你就不会拿起这本书。）动真格，说实话。说出发自内心的答案，而不是来自大脑的。

5. 现在想象一下，如果没有这些限制性信念，你会是谁？如果你再也不会有这些消极、狭隘的信念，那你的生活会有什么不同？在人际关系或工作中，你可能会有怎样不同的举止？在身体、情绪、心智、经济或精神上，你发生什么样的改变？请你充分想象自己没有这些负面信念时的状态，然后从那一视角描述你的现实。

6. 设计一个有创意、有趣的计划，以体现"所有问题都是可以解决的"。记住，重复和情绪是关键！也许在接下来的90天里，每天早晨你都会在日记本上写20遍这句话。你可以在智能手机上将"所有问题都是可以解决的"设为壁纸。也许你会在洗碗或叠衣服时念诵它，或者在深蹲时大声地喊出来。尽可能使用多种方式——你的声音、书写、图形、音频、具体的动作，最重要的是重复。

"所有问题都是可以解决的"实地记录

运动是她的生命，但是手术后，她再也无法像以前那样运动了。

我的女儿是一名竞技型独舞舞者和团体嘻哈舞舞者，跳舞是她的生命。有三年，她每天有20个小时都穿戴着一个用于矫正脊柱侧弯的全身支撑架，但是她的病情仍然恶化了，最终不得不接受了融合11根脊椎骨的脊椎融合手术，这使她再也不能跳舞。

在过去的几年中，我一直无法接受往后她美丽自由的身体将永远无法舞动的事实。一天晚上，我又一次躺在床上哭泣。我翻阅着手机，看到了奥普拉对玛丽的访谈。它撼动了我，启发了我。我心想，在这种情况下，玛丽会做什么？她妈妈会做什么？然后我想到了答案——"我们会解决这一切的！"

所以我行动了，从接受开始。我思考了想要女儿过怎样的一生，答案是我希望她快乐。她背着"扫帚把"在背上能过得快乐吗？她可以！我的任务是使一切变得美丽。现在，我女儿已成为脊柱侧弯患者群体的生活榜样。

我朝着我想要实现的目标前进，而不是专注于我曾认为的怎样才能给她一个美好的生活（通过跳舞）。之后，我女儿的精神和身体状态都比生病之前要好。我很安心，现在也不会哭着睡觉了。

　　我有一个由艺术家制作的时髦、酷酷的咖啡杯，上面写着："玛丽的妈妈会怎么说？"我每天用它来提醒自己。我开始相信，我们在世界上需要了解的所有事情都在"所有问题都是可以解决的"深意里。事实确实如此。

- 塔丽娜，于蒙特利尔 -

3

杜绝借口

最可怕的谎言是我们对自己说的谎言。
- 理查德·巴赫 -

别自怨自艾，只有浑蛋才会那样做。
- 村上春树 -

你经历过这样的早晨吗？上床睡觉的时候一心想着早起锻炼、冥想、写作——成为你知道自己可以成为的那个令人难以置信的高效人士。早上，手机在你的枕边震动。你心想："这就到点了？不要啊！天太黑了，躺着好舒服。睡眠对我的健康很重要，让我再睡5分钟。"5分钟过去了。你又想："好吧，再过10分钟我就起。"当你终于起床的时候，你已经没有多少时间了。狗狗想要出门，而你的手机因为工作中的意外问题"炸"了。走出门后，你还发现衬衫上有一块污渍。引用大卫·拜恩的一句话："一切如故。"

但是，如果你的早晨是下面这样的呢？黑暗中你突然睁开双眼，转过头去，拿起手机。真的假的？才凌晨4点半？闹钟还要再过一个小时才会响。你的飞机要到8点45分才起飞，但你对这次旅行充满了期待，不想再多睡一分钟。你从床上跳起来，锻炼身体，然后早早地去了机场。

这是怎么回事？为什么有时我们能够毫不费力地让自己完全做到我们需要做的事情，但其他时候却很费劲？是什么阻碍了我们始终如一地发挥出我们的能力水平？

要想找到答案，我们必须审视内心。无论我们想解决什么，最大的障碍往往就在我们的内心深处：

> 我需要重新开始锻炼，但我太忙于工作和孩子们的事情了。我做不到，因为没时间。
>
> 我的财务状况一团糟。无论我做什么，似乎都无法改善。我就是不善于搞财务。
>
> 我真的很想去上设计课。它能帮我开辟出一项全新的事业！但是课程太贵了，我负担不起。
>
> 我希望我可以遇到一个特别的人。但我没有时间去约会，我太老了，而且所有好对象都已经被抢走了。

3 杜绝借口

听起来很耳熟吧？我会举手承认，因为我对自己说过这样的话——很多次。事实是，阻碍我们前进的极大障碍之一就是这些借口。我们对自己说的这些小谎言限制了我们本身，也限制了我们最终能做出的成就。

每个人都会时不时地找借口，所以你不要难过。但如果你决心要把事情搞清楚并解决问题，所有的借口就都得扔掉。是时候指认自己，揭开所有自我欺骗的把戏了。你一旦诚实地认识到你的借口是多么不靠谱，就不仅会重新获得巨大的能量储备，还能获得改变的力量。

"不能"和"不会"的陷阱

让我们先来看看你的语言和两个常见的影响你自我坦诚的词汇。这两个词是"不能"和"不会"。想一想，你有多经常说类似以下的话：

> 我不能每天都起来锻炼。
> 我不能找到时间去写作。
> 我不能原谅她的所作所为。
> 我不能接受那份工作，它要求到全国各地去。
> 我不能请求别人帮忙。

我不能要求升职，因为我还不够好。

我不能启动这个项目，因为我的老板没有批准。

我不能＿＿＿＿＿＿＿（报班、学习语言、开始创业等），因为我负担不起。

问题来了。当我们说"不能"做某事时，99%的"不能"是"不会"的委婉说法。"不会"是什么意思？"不会"是指我们不愿意。换句话说，你不是真的想要做某事。

你不想工作，不想承担风险，不想让自己感到不舒服，也不想给自己带来不便，而这些根本就不是足够大、足够重要的优先事项。

如果你觉得这可能是真实的，哪怕只是对某些时候而言，你就会从绝大多数自欺欺人式限制自己的废话中挣脱出来。比如说，回到上面的话中，把"不能"换成"不会"，你会发现更诚实的说法：

我不会每天都起来锻炼。

我不会找到时间去写作。

我不会原谅她的所作所为。

我不会接那份工作，它要求到全国各地去。

我不会请求别人帮忙。

》杜绝借口

我不会要求升职,因为我还不够好。

我不会启动这个项目,因为我的老板没有批准。

我不会_____(报班、学习语言、开始创业等),因为我付不起钱。

在我的生活中,每当我说"我不能"的时候,大多数情况下我真正的意思是"我不会""我不愿意"。我不想做出牺牲,也不想为得到那个特定的结果而付出努力。那不是我非常渴望的东西,也不是我想"放在其他优先事项之前"的东西。说出你不想要(或不想付出努力、牺牲来获得)的东西并不会让你变得很坏或懒惰,而会让你变得诚实。

这个区别很重要,尤其是当涉及利用"所有问题都是可以解决的"这一生活哲学的时候。通常情况下,当我们使用"不能"这个词时,我们就开始表现得像受害者一样,对自己的处境无能为力,好像无法控制自己的时间、精力或选择。当你用"不会"这个词时,你的感觉和行为会更有力量。你会记得,你的思想和行动是由你自己决定的,你可以决定如何使用你的时间和资源。你会觉得自己更有活力、更有能量、更自由,因为你要对自己的生活状态负起全部责任。

说到责任,我想提醒你一个基本的普遍原则:

你要对自己的生活负起百分之百的责任。

你的生活状态，不是你父母的责任，不是经济的责任，不是你的丈夫或妻子、家庭的责任，也不是你的老板、你上过的学校的责任，不是政府、社会、机构或你的年龄的问题。你要对你所相信的、你的感受、你的行为方式负责。说白了，我并不是说你要为别人的行为或发生在你身上的不公正负责，而是说你要为你如何回应别人的行为负责。事实上，只有当你对自己负起百分之百的责任，你才能获得持久的幸福。

你可能会说："玛丽，你不了解我。在我身上发生了很多可怕的事情，那些不是我的错，不在我的控制范围内，也不是我选择的。我怎么能为这一切负责？"或者，你会说："玛丽，现在我身上发生了一些我无法控制的事情，因为我出生在这种文化和社会里。我怎么能对这些负责？"

你说得没错。外在的力量、条件和社会建构影响着我们所有人。最重要的是，无论你过去发生了什么，或者现在正在经历什么，如果你不愿意为你的生活负起全部责任，包括你的思想、感情和行为，你就放弃了改变它的力量。

旧金山的心理治疗师蒂法尼写信跟我说：

> 对于背景卑微，或者有社会性创伤、曾被剥夺过权利的

人来说，我们很容易被绝望拖入深渊。作为曾经贫穷的非裔美国人的女儿，我继承了"被打倒、被剥夺权利，反抗，然后再被剥夺土地、家园和家庭，做什么都无济于事"的无力感。这种心态总以一些微小的方式挫败我的努力。我会开始做一些事情，遇到障碍，然后悲伤地成长，没有意识到自己可以想办法解决困难。我其实有足够的资源做成一些事。玛丽，是你教会了我这个道理！作为一个多年来一直在挣扎着不知如何前进、如何行动起来的人，你说的一句话改变了我的生活，那就是"所有问题都是可以解决的"。

需要声明的是，承担责任并不意味着对不公正保持沉默，不意味着责备或羞辱自己，也不意味着自暴自弃或一直带着内疚感生活。相反，对自己的生活负起百分之百的责任，意味着你认识到自己有责任决定自己的感受，也有责任决定自己想成为什么样的人，以应对现在和将来发生的事。

你能想象马拉拉·优素福·扎伊因为觉得自己年纪还不够大，不够有特权，也不够强壮，而不为女孩的教育事业摇旗呐喊吗？请记住，马拉拉在只有11岁的时候，就开始为女孩上学的权利而奋斗。当巴基斯坦塔利班组织在一次暗杀行动中射中她的头部时，她才15岁。她活了下来，并在16岁生日时在联合国发言。17岁时，她成为诺贝尔和平奖有史以来最年轻的获得者。马拉拉拒绝让头部中弹成为停止宣传女孩应该接受教育的借口。

> 当你决定自己的问题就是自己的问题时，你就进入了生命中最美好的岁月。你不会把问题归咎于你的母亲、经济形势或是总统。你意识到你能控制自己的命运。
> —— 阿尔伯特·艾利斯 ——

你知道贝萨妮·汉密尔顿的故事吗？在她13岁的时候，这位心怀抱负的职业冲浪者和朋友们去海边冲浪。她躺在冲浪板上，手臂悬在海里，当时一条身长4.2米的虎鲨袭击了她，让她失去了左肩部以下的胳膊。当到达医院时，贝萨妮已经失血60%，处于低血容量性休克的状态，生死就在一线之间。

贝萨妮挺过来了，她虽然遭受了不同寻常的创伤，但还是毅然决然地回到了水里。在被鲨鱼袭击一个月后，她又回到了大海，站上了她的冲浪板。一年多后，她第一次获得了全美冲浪冠军，并在更多的赛事中夺得冠军和名次。她经常参加比赛，实现了她成为职业冲浪者的终生梦想。

在那场令人痛心的事件发生之后，如果贝萨妮说出某种版本的"我不能"，认为失去手臂意味着她冲浪生涯的结束，而不是开始，那也是完全可以理解的。在处于最黑暗的时刻时，贝萨妮做出了一个重要的选择，她选择了为自己和未来负责，选择了以优雅、勇气和果断去迎接她的现状。她决定，这个改变人生的事件不会阻止她追求梦想。事实上，这件事只会起到相反的作用——激励她更加努力地练习冲浪。她没有找任何借口，解决了问题。由此，她成了代表人类不屈不挠的精神力量的经典人物。[1]

还有一个例子。在津巴布韦的农村，一名叫特莱艾·特伦恩特的11岁女孩在上小学还不到一年时，她的父亲就为了一头母牛的彩礼把她嫁给了一个经常打她的男人。她迫切渴望接受教育，但她穷困，又是个女孩。通过用哥哥的课本，把树叶当纸，特莱艾自学识字。尽管如此，到了18岁时，她还是成了四个孩子的母亲。

几年后，特莱艾遇到了一位国际援助人士，他向村里的每一位妇女询问她们最大的梦想。受此启发，特莱艾在一张纸上写下了她最狂野的梦想。她希望有一天能出国留学，获得学士学位、硕士学位，然后是博士学位。

她的母亲看着她的那些梦想，说："特莱艾，我看到你只有四个梦想，而且是个人的梦想，但我希望你能记住，当你这辈子的梦想与你所在社区的进步联系在一起的时候，你的梦想会有更大的意义。"于是，特莱艾写下了第五个梦想："当我回来的时候，我想改善我所在社区的妇女和女孩的生活，让她们不再经历我这辈子所经历的一切。"[2]

鉴于她的情况，这些目标是相当遥远的，有些人甚至觉得是不可能的。特莱艾把这些梦想装进铁皮箱，埋在石头下面。

然后，特莱艾开始作为社区组织者与当地的援助组织合作。她攒下了每一分可以攒下钱，用自己的收入去参加函授课程来满足自己对教育的渴望。1998年，她申请俄克拉荷马州立大学并被录取。在她所服务的机构和社区的支持下，她带着丈夫和五个孩子，以及腰上缠着的4000美元现金，远赴美国留学。

虽然有了这样的突破，但特莱艾的生活却变得比以往任何时候都要艰难。她的家人住在一辆破旧的拖车里；她的孩子经常挨饿受冻；她的丈夫不但不帮忙，反而继续打她。特莱艾就靠着垃圾桶养活自己和孩子。她曾考虑过放弃，但她认为放弃会让其他非洲妇女失望，所以她找到了坚持下去的力量。在尼可拉斯·D.克里斯多夫和雪莉·邓恩所著的《天空的另一半》中，特莱艾说："我知道我得到了一个其他妇女都渴望得到的机会。"[3]

特莱艾不知疲倦地担起多份工作，尽自己最大的努力去上课，几乎不睡觉，还不断受到丈夫的虐待。有一次，因为拖欠学费，她差点被学校开除。奇迹般的是，一位大学领导出面为她助力，争取到了当地社区的支持。

特莱艾最终让她暴力的丈夫被驱逐出境，而她继续坚持了下去。她既获得了学士学位，又获得了硕士学位。每当实现了一个目标，她就会回到津巴布韦，挖出那张纸，勾掉。特莱艾与一位名叫马克·特伦恩特的植物病理学家再婚，并继续奋斗。在2009

年,她终于完成了最后一个目标:完成博士论文,获得博士学位,成了特莱艾·特伦恩特博士。

如今,她是特莱艾·特伦恩特国际组织的创始人,该组织的使命是在为农村社区提供优质教育的同时,为农村社区赋能。想知道特莱艾最喜欢的人生格言是什么吗?是"Tinogona",意思是"梦想可以实现"。

我完全同意。

你能想象特莱艾可以用哪些借口来自我设限或者退缩不前吗?她可以找到不少实实在在的借口。虽然获得博士学位的旅程并不容易,也挺漫长,但她再一次证明了,当我们专注于想要的结果,而不是我们"不能"(或"不会")的原因时,等待着我们的就是各种可能性。

如果我刚刚提到的这些人并没有让借口或其他任何事情阻碍他们实现梦想,那我们为什么要允许找借口这样的事发生在我们自己身上?这让我想起了我最喜欢的一句话:"生命的10%是发生在我身上的事,90%是我的反应。"这句话取自一段较长的文字,完整段落如下:

> 态度比事实更重要。它比过往、教育、金钱、环境、失败、成功,以及比别人怎么想、怎么说、怎么做更重要。它比外表、能力、技巧更重要。它将成就或破坏一家企业、一

个家庭、一段友情、一个组织。难能可贵的是，我每天都可以选择自己的态度。我无法改变我的过去，无法改变别人的行为，也无法改变不可避免的事情。我唯一能改变的就是态度。生命的10%是发生在我身上的事，90%是我的反应。[4]

你总是拥有远超出你想象的力量。你的头脑是你塑造现实的最非凡的工具。

问你一个问题：在你生命中的某个时刻——当你真的真的想做到某件事情的时候，当某件事情对你来说极其重要的时候，你是不是想出了一个办法来实现它？内心的某个开关被打开了，突然间，你变得机智了。你做出坚定的承诺，不惜一切地创造了结果。

浏览一下你过去的精神档案。是否有一件事情，起初你认为自己没有时间、能力或资源去做，但最后还是想通了，做成了？我自己生活中便有几个这样的简单例子。在大学里，我是一个认真的学生，同时也承担着多份工作。当朋友邀请我去参加聚会或音乐会时，我的回答十有八九是："谢谢，但我不能去，因为我还有工作要做。"在我看来，这不是谎言，也不是借口。这就是我所相信的事实。

在一个特殊的夜晚，我有一个重要的伦理学考试要复习，还有一份法律文书要完成。我的本意，像往常一样，是宅在室内工作。但在我回宿舍之前，我遇到了一个我喜欢的人，他约我去参加当天晚上的一个活动。我没有反射性地说:"不,我不能去,我没时间。"有什么东西让我停顿了一下(你好,激素!),我说:"听起来不错,7点见。"

我仍然打算完成工作,但那份额外的动力让我意识到,这并不是有没有时间的问题,而是需要"挤出时间"。时间总是比我们意识到的要多(后面会补充更多相关内容)。

我变得超级专注,熬夜工作,第二天早上早早地起床,在不偷工减料的情况下,把一切都安排好并完成了功课。既想在课堂上出类拔萃,又想去约会,这种愿望帮助我超越了我的舒适区,也打破了我那句老生常谈的"我没有时间"的借口。时间就在那里,我需要的是足够多的渴望。

在我职业生涯的早期,我得知了一个在南美洲的静修会,很想去参加。问题是,我没有钱。我欠着一屁股的债,还在不断地打工来还钱。这种情况以前也曾发生过,我遇到过一些很有吸引力的教育活动,但我告诉自己:"有一天会去吧,现在我负担不起。"通常这就是讨论的结果。

这次有一些不一样的地方。我无法用逻辑解释,只是觉得身体里有一种持续的牵引力。我打心里知道我必须去那里。你是否有过这样的经历——感觉内心深处有什么东西与逻辑和理性相悖?无论你认为这是来自本能还是直觉,跟随它都是明智的。

由于无法动摇我必须去参加静修会的感觉,我做了一个大胆的举动，与静修会的组织者商议了一个特殊的付款计划。我向他们保证，不管要我做什么、花多长时间，我都不会让他们对我的承诺失望。然后，我就忙活了起来，找了三份额外的副业来实现它。

那是 2003 年的事，至今仍是我人生中极深刻的经历之一。在那次旅行之中，我和我心爱的伴侣乔希相爱了。现在回想起来，我不仅很感谢我相信了自己的直觉，踏上了旅程，也感谢我没有让"我负担不起"的借口阻碍我成为一个足智多谋的人。

借口是梦想的杀手。如果我们纵容了我们的借口，它们就会把我们关在自造的监狱里。俗话说得好，"如果你为自己的缺点争辩，你就会保留它们"。

只要愿意，我们就可以为自己不理想的结果找点借口。但是，没有什么比未经训练的心态更会阻挡你的长期成功。每当你抓到自己在找借口，就千万别听进去。不要让任何借口在你的脑海中或心中占有空间。扪心自问，世上的"贝萨妮"们、"特莱艾"们或"马拉拉"们，她们会责怪谁？地球上每天都在克服不寻常挑战的数十亿英雄人物呢？他们会责怪谁？

他们并没有神奇基因，你也没有。他们只是学会了如何挖掘与生俱来的力量。我们的目标不是拿自己与别人比较（这几乎永远是一个失败的命题），而是从共通的人性中得到启发。

无论你认为自己的缺点或局限是什么，我保证，只要你足够努力地寻找，你就会发现有很多比你面临更大挑战的人。就连特莱艾也说:"我有什么资格抱怨我靠垃圾桶让孩子吃上饭?在我的家乡,有几百万无家可归的孩子在吃着没人洗的垃圾桶里的食物。至少美国的垃圾桶,是有人洗的。"[5]

寻找能够成为你精神和感情力量的试金石的人的故事。那些展现不屈不挠的决心和坚毅人格的故事将激励着你深入挖掘自我,继续前进。找到那些在逆境中坚持下来的人,并不会否定你所经历的艰辛。你可以对比那些故事来看清自己的人生,如果他们能够走出困境,那么你也能做到。

> 你把生活掌握在自己的手中,结果呢?
> 得出一个可怕的事实:没有人可以指责。
> —埃丽卡·方—

有时,清晰的对比会唤醒我们。有一句格言很适合这个话题——

> 世界上有两种人:有理由的人和有结果的人。

如果你愿意,你可以认可所有让你没有做出改变的理由(借口),没有解决事情的理由。你可以紧抓住你所有的理由——你的年龄、你的父母、你的基因、你的健康状况、你的出生地等,没有人会来夺走。你有一切权利去思考和相信你想要的任何东西。

但是,如果你坚持着你"不能"的理由,你要知道,你永远不会体验到你的爱、你的天赋、你的力量、你的创造力和你潜力的极限,这个世界也不会知道。

三个常见借口

> 任何问题都经不起持续思考的攻击。
> - 伏尔泰 -

在这一点上,你处于两个阵营中的一个。阵营一:你知道找借口简直软弱爆了。它们是有毒的谎言,只会扼杀你的生命力。如果你是这样的人,请直接跳到本节末尾的"从知到行"。

或者,你在第二阵营。从观念上讲,你已经上道了,但你需要策略上的帮助来摆脱日常的束缚。让我们深入研究一下最常见的三个借口:缺乏时间、缺乏金钱和缺乏专业知识。你会很高兴地明白,就像其他事情一样,它们都是可以解决的。

借口一:"我没有时间"

这年头,谁不觉得时间不够用?忙得抓狂、压力过大、长期

杜绝借口

不堪重负已经成为一种流行。无休止的待办事项让我们的生活变得负荷过重，并不意味着这是正常的，或者说这是唯一的生活方式。

不管你乐意与否，每个人每天都有同样的 24 小时。只有你能决定你如何度过你的一天。我知道，我们每个人都有工作。我们中的许多人都有多份工作，我们都有孩子、有配偶、有宠物、有父母、有祖父母、有健康问题，更别提有特殊需要的亲人、社区工作、不可靠的公共交通，以及越来越多的项目和责任。即使这样，你也不要陷入"我没有时间"的心态。

无论你有什么安排或责任，它们并非从天而降。你的生活，包括你如何度过你的时间，都是你所做的选择的副产品。不管是好是坏，都是你主动地把自己带到了你现在所处的位置。

也许，你现在面临困难不是你的错。承担自己的选择和责备自己是有区别的。例如，当我的继子还是个十几岁的孩子时，有时我会抱怨要为他打扫卫生。我当时正在努力发展我的业务，并有多份兼职。打扫卫生不是我想要度过空闲时间的方式。我会给自己开个小小的怜悯派对，装出一副可怜的样子，这自然而然地在继子、乔希和我之间造成了紧张的气氛。这时，我不得不提醒自己一个重要的事实：我选择了和一个有儿子的男人在一起。这意味着，虽然我不想亲自生孩子，但有一部分的我"想当继母"。我怎么知道的？因为我就在这个角色里啊！我做出了这样的选择，而这个选择是值得我去承担的。

承担你的选择。如果你为自己如何度过时间而负责，你就能重新获得改变时间的力量。既然"时间不够用"可能是最难破解的借口之一，那就把下面这个重要的真理写下来吧。

如果它足够重要，我就会挤出时间。如果不重要，我就会找借口。

说出它，诵读它，唱出它。不惜一切代价，让这个真理帮助你牢牢坐稳在自己人生的驾驶座上。摧毁关于"我没有时间"这一借口的关键，是首先要接受一个事实：你在24小时里所做的一切都是你的选择。你的选择，是你做出的，也是你可以改变的。考虑一下一个疯狂的事实：

你不必做生活中的所有事情。

你所做的一切，都是你的选择！我指的是一切——吃东西，去上班，给孩子们洗澡，缴税，保持一段感情，回复电子邮件或者根本不使用电子邮件（有些非常有成就的人不会），玩社交媒体（同样，一些非常有成就的人和快乐的人不会），看新闻、电视或电影，看书，买菜，购物，接听电话，经营你的生意，洗衣服，和家人聊天。你在生活中做的每一件事都是你的选择，无论你是否意识到这一点。

你可能会说："这太荒唐了，玛丽。我必须交税，否则国税局会找到我，把我送进监狱！""我得给孩子洗澡，否则他们会变成像是长了外皮的意大利细面僵尸。"或者说："我得去上班，否则我就会被炒鱿鱼，失去我的房子。"你说得没错。不交税、不给孩子洗澡、不上班，都是有后果的。但是，后果并不能否定你仍然在做选择的事实。你做这些选择是因为它们对你来说很重要。这就是问题的关键：你把时间用在最重要的事情上。

没有人拿着枪指着你的头，强迫你阅读和回复邮件；没有人强迫你看新闻；也没有人强迫你一集接着一集地看《黑道家族》。是我们自己选择了它们，全部都是我们自己的选择。

正如励志演讲家迈克尔·阿特舒勒所说："坏消息是，时间飞逝。好消息是，你自己是飞行员。"根本没有什么"时光仙女"会俯冲而下，神奇地清除你的日历。拥抱这样一个事实：如果你有足够的力量去创造一种超负荷的生活，那么你就有足够的力量去解开它。

我们必须专注于生活中唯一可以控制的东西——我们自己，包括我们的思想、我们的信念、我们的感觉、我们的行为。

记住：

从来都不是有没有时间的问题，而是省出时间的问题。

改变你根深蒂固的习惯容易吗？不容易。要想腾出时间，你需要对别人说不，让别人失望吗？是的。你是否会破坏社会规范，激怒别人，引起别人的不满，进行不愉快的对话，并打破一些长期以来的假设？当然是的。

但这是个好的开始，你可以认识到你无法管理自己无法衡量的东西。如果你真的想戒除关于时间的借口，那么就这样做吧。在接下来的七天里，写下你从起床到睡觉做的每一件事。

不要改变你的正常作息时间。记录下你通常做的事情，不加修饰，不做任何判断。你可能会被诱导去篡改数字或调整你的行为，让自己在纸面上看起来更好。不要那样做。这个练习的全部意义在于准确地了解你是如何度过你的时间的。此外，你需要一个关于你目前如何花费时间的基线，然后才能改变它。

特别注意：不放过任何一分钟。在接下来的七天里，做一个执着的、记笔记的小怪人。拿起一个笔记本，以 2 分钟、10 分钟或 30 分钟为单位来记录你的时间，只要能帮助你捕捉到最准确的画面就行。请将以下事项囊括在记录中：午休时间、和家人发短信、在水槽边上吃鹰嘴豆泥、遛狗、给植物浇水、去邮局买邮票、在街角喝杯咖啡、刮下巴上的杂毛等。

我保证，看到自己的时间去了哪里给你带来的好处会远远超

3 杜绝借口

过你付出的努力。大多数人都没有意识到，我们有多少时间被浪费在那些与我们最深层的价值观没有任何联系或者对我们实现自己宝贵的梦想没有一点助益的蠢事上。更糟糕的是，现代环境的设计目的就是分散我们的关注点，碎片化我们的时间，偷走我们的注意力。

我们最终要达到的目标是什么？是每天腾出两个小时的时间。在你把这本书扔到墙上或者想"你疯了吧，玛丽！我找不到多余的两分钟，更不用说每天腾出两个小时了"时，请一定要坚持下去，至少要做个实验。你在追踪你的时间时，要特别注意最大的时间黑洞。

社交媒体（毫不意外）

电子邮件

互联网（购物、滚动浏览新闻、盲目地冲浪）

效率低下的膳食计划和准备

出行和通勤

会议（许多会议并没有真正为我们的工作增加价值，或者我们本来可以通过电子邮件更快速、更有效地解决开会讨论的问题）

电视（是的，看奈飞网站也算）

跑腿（并非必要的，或者不必在我们最有创造力、精力

最充沛的时候去做的）

使用手机，无论出于什么原因（通话、发短信、玩游戏、看YouTube视频或听播客等）

使用手机这一项值得额外关注。我们中很少有人能想象没有智能手机的世界。我们带着手机醒来，带着手机去洗手间，带着手机睡觉，带着手机吃饭。数十亿人都沉迷于玩手机。现在，科技对我们的控制其实已经超过了我们对它的控制。虽然每个人的科技产品使用情况都不尽相同，但有一项研究估计，美国人现在花在手机上的时间每天将近5个小时，每年接近76天。（一生近1/3的时间里，我们被黏在一个发光的"盒子"上！）

这种对科技的沉迷并不是偶然的，而是经过设计的。这些设备的设计目的就是让你沉迷于它们。每一种颜色、声音和功能都是有意设计的，目的是让你在屏幕上花更多的时间。

那些拥有数十亿美元的公司雇用了地球上最聪明、最有创意的人，他们设计出新的方法来引诱我们在他们的应用程序和平台上花费时间。请记住，股票价格依赖于保持高参与度。许多科技公司的生存基础是不断地利用新方法来捕捉目标客户越来越多的时间和注意力。如果你认为你是这些产品和平台的客户，你的时间、注意力和数据就是它们的产品。

它们的工作原理是：你的大脑将每一条消息、提醒或点赞都解释为"奖励",从而引发多巴胺激增。随着时间的推移,这些化学物质会改变你的大脑功能,"训练"你需要从你的设备中获得越来越多的"多巴胺"。这是一个几乎无法令人抗拒的反馈循环。

最让人上瘾的平台通过利用五个普遍的心理弱点让我们上瘾:获得间歇性、不确定奖励的老虎机效应("我收到了新的邮件、短信或私信了吗?!");被看见的需要("注意我,认可我,喜欢我,爱我!");回应和互惠的需要("我必须回应并说谢谢,不能显得粗鲁!");害怕错过,以及我们最具有受虐性的倾向——不断地将自己和别人进行比较(我称之为用小酒杯闷头喝着 Comparschläger[①])。

不管你每天冥想多少个小时,也不管你认为自己在智力或精神上有多大的优越感,你都容易受到影响。乔布斯很清楚这一点。这就是他不让他的孩子使用 iPad(苹果平板电脑)的原因。当 iPad 在 2010 年首次面市时,《纽约时报》记者尼克·比尔顿这样问乔布斯:"你的孩子一定很喜欢 iPad 吧?"

"他们没有用过,"他告诉尼克,"我限制孩子在家里使用技术产品。"尼克的文章接着详细介绍了相当多的技术专家是如何

[①] Comparschläger,类似 Goldschlager,一种带金粉的肉桂味烈酒,如果大量饮用会导致呕吐。你拿自己与别人比较时就会让自己感到不适,最后认为自己毫无价值。

遵循类似的做法的。3DR[①]的首席执行官、《连线》杂志前编辑克里斯·安德森为他的家人制定了严格的设备使用规则。"我的孩子指责我和我的妻子是法西斯主义者，认为我们过分担忧科技的负面影响。他们说他们朋友的家里都没有这样的规则。"安德森说的是他的五个孩子，年龄在6岁到17岁之间。"那是因为我们亲身经历过科技带来的危险，我目睹过，不希望看到那种情况发生在孩子身上。"[6]

这让人不禁要问，如果世界上一些最有权威的科技先锋不允许"在家里无限制地沉迷于屏幕"，我们为什么要允许？我不是在妖魔化这些设备，我很感激科技给我的生活和人类带来的无数好处，但欣赏它的好处并不意味着否定它的危害。

我们大多数人都没有意识到我们有多少时间是花在屏幕上的。研究表明，我们很可能低估了手机使用时间，估值与实际值相差近50%。根据诺丁汉特伦特大学的心理学家（也是一项智能手机研究的报告的主要作者）萨利·安德鲁斯的说法，"事实上，我们使用手机的次数是我们认为的两倍，这表明很多时候智能手机的使用似乎是我们无意识的习惯性自动行为"。[7]

当我开始对自己的习惯产生怀疑的时候，我真真切切地认为自己用在手机上的时间远远比自己想象的少。让我清醒过来的是

[①] 3DR，一般指3D Robotics，北美民用无人机厂商。——编者注

一个叫 Moment 的应用程序，它可以追踪你的手机和应用程序的使用情况，并显示出你每天盯着"上瘾盒子"的时间。准备好被吓坏吧。

假设你是个固执的人，对所谓的智能手机嗤之以鼻。我尊重你的想法，但不要以为你就免疫了。尼尔森公司的数据显示，美国成年人平均每天仍有 5 个小时在看电视。

每天。

即使你已经戒掉了所有的屏幕和技术产品，你的生活就像在 1926 年一样，你也要做整整七天的时间跟踪练习，对自己到底做了什么、花了多少时间抱有好奇心。研究证明，我们每天大约有 40% 的活动是习惯性的。这意味着我们人类的大部分时间都是在自动驾驶模式中度过的，也就是说我们在做事，但完全没有意识到我们到底在做什么。

记住，你的任务是每天至少腾出两个小时。为什么是两个小时？首先，每天两个小时的时间已经足够长了，可以迫使你去挑战自己根深蒂固的人生观。我希望这能激励你与自己、家人、朋友和同事进行一些不舒服但又必要的对话。无论是寻找变得更高效的方法，还是重新平衡责任，或者是设置界限，你都可以利用这个机会来表达你的需要，争取支持。其次，每天花两个小时向着一个有意义的目标前进所产生的累积效应会改变你的人生轨迹。说实话，即使你没有腾出两个小时，只腾出一个小时，那也是巨大的进步。在一年的时间里，你便会多出两个星期的空闲时间。①

请认真鞭策自己，如果你不争取每天腾出两个小时的空闲时间，实际上很可能就连一个小时都得不到。

你可以这样做，也可以那样做

浪费时间的机会成本

今天的无意识成本	每年的支出总时间	你本来可以完成的成绩
每天花 30 分钟在手机/社交媒体上闲逛	每年支出 182.5 个小时或 22 个 8 小时制工作日	• 米歇尔·奥巴马式的手臂 • 建立一个全新的网站 • 学会如何冥想
每天花 60 分钟看新闻、电子邮件和名人八卦	每年支出 365 个小时或 45 个 8 小时制工作日	• 写出你的书的初稿 • 发现新的收入来源 • 获得加薪或转行
每天花 90 分钟看电视	每年支出 547.5 个小时，或 68 个 8 小时制工作日	• 学会意大利语的日常用语 • 完成你的学位 • 开展一项赚钱的副业

机会成本不是开玩笑的。每一个选择都是有代价的。你说"是"的一切都意味着你在对其他事情说"不"。每当你拿起耗费你时间的手机，对看另一个猫咪视频说"是"的时候，就等于在

---

① 每天腾出一个小时，一年即腾出 365 个小时，也就是约等于 15.2 个 24 小时。如果我们把这段醒着的时间定为专注时间，我们就多出了 45 个 8 小时制工作日。

对实现最大、最重要的长期目标说"不"。

想学会另一门语言？写一本书？改变你的身体或健康状况？整理好你的财务生活？开展另一种业务、副业或全新的事业？拯救海洋？找出时间来谈一场真正的恋爱？重新点燃你的性生活？你绝对有时间，就是现在。

你每天花在手机屏幕上的30分钟，可以用来做高强度间阶性训练，在几个月内你的健身水平将从平平无奇提升到厉害程度。

你花在互联网上浏览许多你不需要的东西的一个小时，可以用来写几段你的回忆录。你会在一年内写出一个可能还不错的初稿。

你每天晚上花在看无聊的电视上的两个小时，可以用来学习一门新的语言、攻读某个学位或者建立你真正关心的人际关系。

我可以听到你们中的一些人说："好吧，玛丽，我明白你的意思。但是，我还是不知道怎么才能每天腾出两个小时的时间。"记住，这里腾出30分钟，那里腾出15分钟，你很快就能腾出两个小时。

这里还有几个策略可以消除上面提到的时间浪费。你不一定要永久地做出这些改变。鉴于你的工作或生活状况，有些大概是不可能的，但我强烈鼓励你坚持一个月，尝试几个——如果不是全部。你可以在30天内做任何事情，把这些建议作为跳转点，记得问自己："这如何对我有效？"

不变则无变。要大胆，要打破你的模式，远离令你窒息的社会规范。只要稍做调整，你就会发现你很可能有更多的自由时间。

1. 杜绝消费媒体

杜绝所有媒体，包括社交媒体、电视、线上视频、杂志、产品目录、播客、新闻，以及其他任何基于信息的输入设备。如果一想到这样做就会让你喘不过气来，请放松。在媒体上"禁食"四个星期，你会熬过去的。在那之后，你可以为自己的消费设定更好的界限（例如，上午11点之前不看媒体，这样你就可以利用早晨的能量）。

我用来抑制自己消费媒体的口头禅是："在你消费之前，先创造。"意思是，在我无意识地、习惯性地消耗别人的创造之前，我必须先花时间创造自己梦想的生活（和工作）。例如，10分钟的冥想可以帮助我创造更强的大脑，获得更清晰的视野、更多的洞察力和创造力；15分钟的家庭健身可以帮助我创造更多的精力和力量；25分钟的写作可以帮助我对一本书或营销理念进行筹划，并在事业上取得重大进展；甚至5分钟的安静思考（全神贯注）也能创造出突破性的进展。

是的，我在向你发出挑战，每天抽出两个小时的空闲时间。作为你的教练，我是来督促你的。但是，即使是在这里5分钟、那里 15 分钟的零碎时间里改变行为，你也会逐渐取得一些小的胜利，累积起来就会创造奇迹。10 分钟总比 1 分钟都没有要好。

2. 远离你的收件箱

设置一个度假式的自动回复，并将邮件检查次数限制在每天最多三次。不要在起床后立即检查电子邮件。如果你能每隔几天检查一次，那就更好了。诚然，比起创业者和自由职业者，这对一些公司员工来说更容易，但困难并不意味着不可能。作为一个老板，我鼓励我的团队成员公布他们会在专注模式下（通过电子邮件或 Slack[①] 联络不到）持续多个小时，有时是一整天，以便在重要的项目上取得进展，不分心。

即使在工作中不可能做到，这个想法可以如何帮助你遏制检查个人收件箱的行为呢？无论你做出什么样的改变，都要告诉家人、亲密的朋友、同事和顶级客户，很有可能他们会尊重你的新邮件管理方式。一旦关键人物都知道了，并且你设置了自动回复，你就可以不要打开收件箱了。

要打破强迫性检查电子邮件的习惯，最好的方法就是设置好环境来支持你，即彻底清除视觉和听觉上的邮件诱惑。如果可能

---

① Slack 为一种应用程序，集聊天群组、文件整合、电子邮件、搜索等功能为一体。——编者注

的话，从手机上删除邮件应用。如果你不愿意，把你的电子邮件应用从智能手机的主屏幕上撤下来，至少把它移到第四或第五个屏幕页面上。划动几次屏幕才能找到那个邮件图标，这几秒钟的时间足以让你不再习惯性地查看它，这也是一种模式中断技术。

最重要的是消除你使用的任何设备或电脑中的所有通知，消除叮叮声、嗡嗡声、各种通知和弹出窗口，这是不容商量的。请夺回对你的思想、时间和注意力的控制权，不要让电子产品打乱了你的待办事项清单，其他人的议程不应该让你自己的议程脱轨。

自 2000 年以来，世界上关于如何更好地管理电子邮件的文章层出不穷。在网上搜索一下，你会发现有很多关于邮件处理工具和实用技巧。

3. 吃得更好、更快、更便宜

对于我们中的一些人来说，最占时间的常规事务就是喂饱自己和家人。思考吃什么，然后购物、准备、烹饪和清理，是任务量不小的工作。

我确信你也是这样想的，但吃快餐、加工食品和包装食品不是一个可行的、长期的选择。我是作为一个从小吃着 Chef Boyardee 牌意面、Roni 牌意面、杯装花生酱、Pop-Tarts 牌饼干、比萨和白色城堡汉堡（全都是加工食品）长大的人说这句话的。

直到 20 多岁的时候，我才意识到自己的错误。加工食品会消耗你的能量，影响你的认知能力，并引发一系列的精神、身体和情绪健康问题。

如果每天想吃什么是你最讨厌的浪费时间的事情之一，你不妨试着学会批量做饭，拥抱枯燥、重复的饭菜。你可以找 3~5 种简单的、基于天然食品的食谱，大量制作（汤菜、炖菜、一锅煮、碗菜），然后每周两次（例如，周四和周日）进行计划、购物、准备材料和执行烹饪。

我们也来谈谈钱吧。这里有另一个我们需要破除的神话。你不必只去昂贵的健康食品店或农夫市场购物，也不必只吃有机食品。我们的目标是，无论在哪里购物，都要尽可能做最健康的选择。《纽约时报》专栏作家马克·比特曼在 2010 年写了一篇很有见地的专栏文章——《垃圾食品真的更便宜吗？》。他解释说，在麦当劳养活一家四口大约需要 28 美元；以烤鸡配蔬菜和简单的沙拉喂养四口人，大约要 14 美元；以米饭、豆子、大蒜、辣椒和洋葱喂养四口人，大约要 9 美元。请记住，一切都是可以计算的，包括用真正的、营养丰富的食物为自己和家人补充能量，而无须花很多钱。

这里的目标是重塑你思考和对待饮食的方式，尽量简化和消除每日决策（"我不知道，你今晚想吃什么？"）。有了心态上的转变，再加上一点计划，你就可以让家里吃上健康的饭菜和营养丰富的、不需要准备的零食，比如坚果、水果和蔬菜等。

难道你不认为用仅仅几个星期的时间尝试一下这些想法，能让自己对如何打发时间有新的看法吗？

如果你需要最后一记助推来做到每天抽出两个小时的空闲时间，那么请记住：

> 如果你必须找到时间，你就能做到。

想象一下，你的医生打电话说你得了一种罕见的、危及生命的疾病。唯一一个完全康复的机会就是，在接下来的三个月里，你必须静坐，每天两小时，每周七天，不受干扰。没有智能手机，没有社交媒体，没有电视或电脑。每天只需要两个小时的空闲时间，不受干扰，否则你的生活将戛然而止。

你会怎么做？在接下来的 90 天里，你会做出什么样的改变来创造每天两个小时不间断的空闲时间？检查社交网络或电子邮件真的那么重要吗？老实说，如果你的生活存亡附之，你每天绝对会找到两小时的空闲时间。

现在我们已经消灭了"我没有时间"的借口，接下来让我们来讨论一下钱的问题。

3 杜绝借口

借口二："我没有钱"

我极喜欢的托尼·罗宾斯的名言之一是："关键不在于你的资源，而在于你如何机智地使用资源。"这个理念适用于所有的借口，特别是财务方面的。

我先问一个问题：你认为你需要更多的钱到底是为了什么？你是否有可能在不付出全部代价，或者说根本不付出任何经济代价的情况下，达到你的最终目标？你认为你需要钱来学习一项新技能或开始一项新事业，但这不一定是真的，有了互联网，你几乎可以培养任何新的技能，而且大多是免费的。

编程、数学、谈判、统计、设计、针织，都可以在网上学习。通过应用程序、视频、播客、博客和慕课提供的高质量免费教育资源的数量是惊人的，而且还在不断增加。edX网站是一个学习的好地方，它免费提供了来自哈佛大学、麻省理工学院、加州大学伯克利分校等最好的大学和机构的在线课程。可汗学院的使命是为任何人、任何地方提供世界一流的免费教育，其课程涉及数学、自然科学、计算机编程、历史、艺术史和经济学等。纽约大学医学院最近宣布，它将为所有在校生和未来的学生支付学费，且没有成绩和其他要求。[8]

也许你想自己创业。你认为你需要成堆的现金来让你的公司起步吗？几十年前，也许是这样。但是，现在我们生活在一个不同的时代。事实上，我曾多次被问到"如果我没有钱，该如何创业"的问题，以至于我创建了一个超过320个免费工具和平台的列表，它几乎可以帮助任何小企业主立即创业，成为一份被下载和分享了数十万次的资源。

现在假设你想创业，确实需要资金。如果你有决心，有足够的创造力和毅力，一系列方法可以让你获得你所需要的融资。你需要探索每一个法律和道德允许的选择，如果全力以赴，你就会实现它。这里有一些想法，可以激发你的想象力。

副业。说到需要更多的钱，这一直是我的首选方法。长大后，我父亲经常对我说："我从来没有一次打开报纸时，没有看到过招聘的版面。"这让我明白，这个世界永远需要有干劲、勤奋和充满责任感的人。他教会了我：不管什么工作，都要诚实地去做；不管什么任务，都是值得骄傲的事情。只要抱着能干的态度，并表现出色，我总能找到工作。

刚开始创业时，我欠了好几万美元的债。为了筹到建立第一个网站所需的钱，我在酒吧里加班加点，省吃俭用。事实上，我在做了整整七年的多份兼职后，才有了足够稳定的经济条件，可以全职经营自己的生意。

是的，你必须要勤奋；是的，你必须要大胆；是的，你必须要谦虚。（我从来没有想到大学毕业后会去打扫厕所，但我做到了，而且很感激那份工作。）除了这些，还有什么更好的方法来树立自己愿意全力以赴的形象？还有什么更好的方法来建立人脉？勤奋、大胆、谦虚的人正是那种在生活中取得成功的人。

少花点钱。我的一个朋友是一家金融教育公司的首席执行官，也是个有两个孩子的单身妈妈。她把家从一栋又大又贵的房子搬到了一个小而简朴的公寓里。这一举动使她能够将每月的开支减少到原来的一小部分，瞬间释放出大量的现金流，来为家庭的未来储蓄并投资。虽然她最初担心缩减开支规模意味着痛苦，但事实恰恰相反。在感情上，她的家人变得比以往任何时候都更亲密。他们变得更加融入彼此的生活中，感觉更快乐、更平静。

你可能会考虑一个更激进的举措。有一对夫妇报名参加了我的在线商学院 B-School，并决定要测试几个不同的商业想法，他们有失败或改变主意的自由，且不用担心钱用完了。在计算后，他们意识到，在纽约市布鲁克林区这样一个昂贵的地区生活，测试各种想法几乎是不可能的。因此，他们制订了一个计划，把家具放在仓库里，然后搬到南美洲一个对创业公司有利的国家，在那里的生活费只是他们在纽约的一小部分。虽然这个决定可能看起来很极端，但如果你想摆脱缺钱的借口，实现自己的梦想，就必须要有这样的想法。

卖东西。用老式的方式，进行一次车库拍卖。或者利用二手交易网站来出售你所拥有的东西，以获得额外的现金。我曾经见过一个女人，她非常执着地想参加一个线下培训活动，于是卖掉了自己的沙发来支付门票。

奖学金和助学金。根据一项关于佩尔助学金①的研究，仅2014年就有约29亿美元的美国联邦助学金没有使用，而这些助学金是不需要偿还的。[9]

我最喜欢的一个故事是关于一个叫加布丽埃勒·麦考密克的女人。在大四那年跟腱断裂后，她失去了篮球奖学金。她虽然失望，但还是下定决心，把自己的痛苦转化为寻找新的经济来源的动力。

她发现，她几乎可以通过任何事情来赚取奖学金——玩电子游戏、画小鸟、戴隐形眼镜、用胶带做舞会礼服……她的努力为她赢得了超过15万美元的奖学金。她在毕业时零负债，并获得了读博的奖学金。除学业之外，加布丽埃勒还经营着一个名为奖学金信息员（Scholarship Informer）的企业，帮助家长和学生避免贷款和债务。值得花时间去了解一下，对吧？

众筹。通过一些比较知名的众筹网站，你可以联系到可以在资金上支持项目、公司和个人的人。快速搜索一下"顶级众筹网站+（当前年份）"，你会看到越来越多的平台，从P2P（互联网金融点对点借贷）到教育融资网站，再到股权投资，等等。

我还可以列举更多。阻止你的永远不是外在的东西，从来不

---

① 佩尔助学金（Pell Grant）是由美国联邦政府提供给低收入家庭子女用于完成高中后学业的助学金。——编者注

是。成功的关键从来不在于资金、时间或其他任何物质的匮乏，而在于你内心的比赛，在于你是否愿意不惜一切代价去发挥创造力、随机应变、想方设法地解决问题，以及你是否决意找到或者说创造一条前进的道路。

借口三："我不知道如何做/我不知道从哪儿开始"

我不会花很多时间在讨论这个借口上，因为老实说，它太没有说服力了。

我们生活在一个空前绝后的时代。借助不断扩展的互联网奇迹，你可以在几分钟之内了解到几乎任何主题或技能的基础知识，它们通常完全免费，并且你可以在自己的家中实现这一切。彼得·戴曼迪斯和史蒂芬·科特勒在他们合写的《富足》一书中写道："现在，拥有手机的马赛战士比25年前的美国总统拥有更好的手机功能。而且，如果他使用的是可以访问谷歌的智能手机，那么他比15年前的总统拥有更好的信息访问权限。"

无论你想了解什么，答案可能都已经存在。它已经在书籍中、在网上或者以其他某种形式得到了阐述。你可以通过上课、上辅导班、找导师指导、成为学徒等方式直接从其他人那里了解到所需信息，也可以通过冥想、祈祷、记日记，甚至是在淋浴时恍然大悟（后续将补充）获得答案。

在今天这个时代,你不缺信息。一旦下定决心并准备开始行动,你就可以利用这一章和书中其他地方的每一种方法坚持下去,直到你解决所有问题!

消除借口的艺术意味着拥抱一个事实:任何人都不能制造或破坏你的梦想,除了你自己。

从知到行

把你自己完全投向你内心想去的地方。

_史蒂芬·普莱斯菲尔德

1. 有哪些一开始你认为自己没有时间、能力、资源去做的事情,但最后还是做成了?请尽可能多地列举出你能记住的例子。任何例子都不能太小,也不能太微不足道。
2. 你现在准备解决、实现最重要的问题和目标是什么?(提示:上一章你想出了什么?再把它写下来。重复是有力量的。)
3. 在读到这一章之前,你会用来阻止自己的前三个借口是什么?

4　**现在把每个借口划掉。**逐一写下为什么这三个借口不再有效，然后写出你现在愿意想什么、说什么、做什么，以消除每个借口。例如：

借口1：我没有时间去读博士。（划掉）

为什么借口1是个谎言？如果博士学位真的那么重要，我会挤出时间去学习。我会戒掉狂看奈飞网站视频的习惯，在晚上11点之前睡觉，每天早些醒来；我不会再上社交媒体；我会分批做饭；我会和伴侣一起讨论这个目标对我来说有多重要，然后集思广益，思考我们作为一个团队如何实现这个目标。

我可以想/说/做的事情：我总是为重要的事情腾出时间。我的行动：彻底改变我的日程安排，立刻开始研究博士项目。如果我不愿意这样做，那么停止谈论这个问题，找到一个新的目标，点燃我的心。

5　**七天的时间跟踪。**如果时间不够用是你的主要借口，那就追踪一下未来七天的时间。回顾一下之前的建议。如果你使用智能手机或平板电脑，那么你可以下载相关的免费应用程序，追踪你的屏幕使用时间和应用使用情况。

周一时间跟踪

时间	活动	笔记/感悟
早上 6:30—6:57	起床后查看手机	查看新闻、推特和 Instagram
早上 6:57—7:06	打开咖啡机,打开笔记本电脑,关闭浏览器中的额外标签页	习惯性地在笔记本电脑上又检查了一遍邮箱,而且是想都没想就做了
早上 7:07—7:14	淋浴	
早上 7:15—7:19	检查手机	回复短信,查看社交媒体
早上 7:19—7:46	穿好衣服、整理好头发等	

在跟踪结束后,回顾一下你的时间记录。回答下面的问题来客观地审视一下你是如何花费你最宝贵的资源的。并非所有的问题都是相关的,请将它们作为思考的起点来创建你自己的思考路径。

· 用 1 到 10 的分值来衡量,这个活动对我最重要的价值观和目标有多大作用?(1= 它与你最想要的东西相背,10= 它完全符合你的价值观和目标。)

· 这件事是否真的需要做?如果是,如何能更快或更低频率地完成?可以分批或自动完成吗?可以由别人来做吗?

· 如果我停止做这件事——无论是暂时的还是永久的,可能发生的最好的事情是什么?最好的短期和长期结果又分别是什么?

- 如果我停止做这件事——无论是暂时的还是永久的,可能会发生的最坏的事情是什么?最坏的短期和长期结果又分别是什么?

6 如果有必要的话,你会做到的。写下你的"每天两小时空闲救命"计划。记住,你的医生来过电话。她说,你唯一的活命机会就是在接下来的三个月里,每天不间断地静坐两个小时,每周七天。没有其他的治疗方法了。你会怎么做呢?

额外的文字游戏挑战赛

你想的、说的和强化的话会成为你的现实。每当你发现自己找借口或说"我做不到"时,请停止。请挑战这种想法。你真的做不到吗?其实你是不去做,或者说你不想做?这不是语义上的问题。当你说"我不能"时,你是在向自己传递一个内在的信息,那就是你无法控制自己的时间和选择。把"我不能"换成更诚实的话语,比如说"我不想"。

为了获得奖励分,现在就行动起来。想一想你过去一直想实现或体验但找了个借口没做的事情,然后大声

> 说出下面这几句话：
>
> 　　事实是……
>
> 　　我真的没有那么想要它。
>
> 　　它不是现在的首要任务。
>
> 　　它没有那么重要。
>
> 　　我不愿意那么努力工作/承担风险/付出努力等。
>
> 　　这没关系。
>
> 　　(说真的，大声说出来！)
>
> 　　是不是感觉棒多了？
>
> 做你生命中的女主角，而不是受害者。
>
> ——诺拉·埃夫龙

"所有问题都是可以解决的"实地记录

这位23岁的单身妈妈没有受过任何十年级以上的教育，但她用尽一切办法通过了一般教育发展考试，获得了美国高中同等学历证书和学士学位，现在在法学院就读，同时还在一家全球大型银行担任全职的通信主管。

遇到玛丽的时候，我是一个年龄仅为23岁的母亲，受的教育只到十年级。我在高中时就有了我女儿，在那之前我是一名运动员，也是一名优秀的写作者，拥有创业者的核心素养。

成为母亲后，我不得不放弃梦想，为女儿提供一切，让她可以开启她的人生。当我和她父亲分开的时候，我面临两个选择：心烦意乱、充满悲伤，或者回应我心中那位纠缠不休的创业家——因为身为人母的责任，她被囚禁在远离创造力的牢笼之中。

喋喋不休的她真的很烦人，于是我心血来潮地搜索了不可能之事——"追逐不切实际的梦想"。玛丽的视频《大梦想：5个步骤帮你追寻最"不切实际"的梦想》一经发布，就成了热门话题。我点击了视频。几秒钟之后，我就迎来了突破。

所有问题都是可以解决的，这句话让我在绝望的时候看到了希望。玛丽帮助我意识到，如果我付出努力，就可以在这一生中拥有我想要的任何东西。存在了几十年的限制性信念笼罩着我的家庭，我很想打破它们。我知道自己很聪明，想做个有始有终的人。虽然我已为人母，但我的灵魂不允许那种限制来定义我。

之后，我拿到了高中同等学历证书和法律专业的学士学位。现在我是一个在法学院学习的单身妈妈,在一家全球大型银行做着通信主管的全职工作。

  我参加了一个全球领导力发展计划,并成为公司非裔美国员工多元化和包容性网络的领导。

  所有问题都是可以解决的。我走了很多步才走到今天,玛丽在我最需要的时候提醒了我,没有什么是不可能的。我无法想象如果那天没有遇到玛丽,我将会在哪里。我很感激我们的相遇。我每天都会和我的团队分享她的这个理念。

— 雅帆琳,于马萨诸塞州

4
如何应对各种恐惧

生活中没有什么是值得恐惧的，只有需要被理解的。现在正是去了解更多事物的时候，这样我们就可以少一些恐惧。

— 玛丽·居里 —

那是乔希和我在萨利纳岛度假时发生的事。萨利纳岛是美丽的西西里岛外海的一个小岛。在那里，最好的出行方式就是骑小型摩托车。当时，我至少有20年没有骑过小型摩托车了，但很想试一试。

那是炎热七月里的一天，我穿着短裤，从酒店走到小型摩托车租赁处。虽然我有一点意大利血统，但我的意大利语不是很好，而且租赁店的老板也不怎么会说英语。通过谷歌翻译和竭尽全力的哑剧表演，我明白了她的主要问题——"你会骑小型摩托车吗？"我回答："不，请完整地教我一下吧。"

她接着向我展示了简单的教程，演示了简单的转弯动作和按压手柄的动作。看起来小菜一碟。

我戴上头盔,打火,准备骑车去逍遥。我没意识到右边的手柄是前轮的刹车,左边的手柄是后轮的刹车。我到现在也不太清楚自己是怎么做到的(真是天才)——我(使劲)加速,慌神,然后同时把两边的刹车都按住了。

在不到三秒的时间里,我急转弯,摔落,翻滚,裸膝摔在沥青路面上,250磅①重的小型摩托车压倒在我身上。谢天谢地,当时没有其他车开过来。乔希和租车处的人跑过来把车扶起来,并把我扶到路边。奇迹的是,我没有摔断骨头,也没有流血。我只是吓坏了,感到极度羞耻和尴尬。我真是个十足的傻子。

可以理解,店主不想让我再上路。她租给乔希了一辆更大的车,让我可以放松地靠在他的背上。在那一刻,我有两个选择:(A)放轻松,做个乘客;(B)在哪里跌倒就在哪里爬起来,学会骑小摩托车,不至于以后会害死自己或其他人。

我选择了B,原因是:如果只做容易的事情,我就永远不会变强。我不想让恐惧在我的骨骼里钙化。我拒绝自己明明精力充沛却缩成更弱小、更低能的样子。我犯了错,搞砸了,不代表我就会放弃。

于是,我深吸一口气,重新骑上了摩托车(是的,我还在发

---

① 1磅约等于0.45千克。——编者注

抖）。但这一次，我让他们给我事无巨细地解释清楚了什么该做，什么不该做。我缓慢地又试了一遍，然后，在一条旁路上小试身手，来来回回地骑了几趟。一天下来，我已经可以相对轻松地在小岛上骑行了。没过几天，我就过上了人生中最快乐的时光。

有一句话你听再多次也不为过，那就是：我们都会摔倒。身体上、情感上、创意上、经济上、社会上，每个人都会做蠢事。这是人类成长过程中一定会有的。但关键是，只要你在地面上，摔倒就是暂时的，而不是永远的。

你可能听说过，恐惧（fear）是"false evidence appearing real"（显得很真实的假证据）的首字母缩写。我更喜欢另一个版本：face everything and rise（面对一切，站起来）。让我们来仔细看看恐惧，以及我们在继续坚持"所有问题都是可以解决的"过程中，可以消解、代谢、管理和缓解恐惧的多种方式。

你需要拥抱的 F 开头的词语

我们要感谢恐惧的存在。如果没有它，我们都早就不在人间了。

在这一章里，我说的不是令我们活下来的恐惧（例如，站在飞驰的火车前的本能恐惧）。我说的是让我们"渺小和困顿"的恐惧。恐惧是最容易被误解的英文以 F 开头的词之一。如果不加以审视，它就是梦想杀手，是灵魂的压榨者，是深谙平庸之道的大师。如果这是《家庭问答》[1]节目,史蒂夫·哈维会问:"是什么阻止了我们人类实现我们的最高潜能?"调查显示,恐惧会占据答案榜首。

你猜怎么着?每个人都会感到恐惧。每一个顶级艺术家、运动员、作家、演员、家长、商人、社会活动家、企业家、科学家、军事领袖,从新手到偶像,每一个你所认识和敬佩的人,都会经常性地经历恐惧。你感到恐惧,并不意味着你有毛病或是软弱。这只说明你是个人。

但是,这就引出了一个问题。为什么恐惧令一些人麻痹,而另一些人却能在恐惧中前进?正是这其中的能力将只做梦的人和实际上有成就的人区分开来。在本章中,你将成为后一种人。恐惧,就像其他问题一样,也是可以解决的。

你必须要面对并解决恐惧,因为无论你想探索、改变或克服什么,它都会在你的脑中浮现出来。好消息是,未经审视的恐惧就像未被发现的黄金。对于那些有足够智慧和耐心的人来说,它蕴含着丰富的财富,值得我们去翻动泥土挖掘、寻找。

很显然,我不可能知道是什么恐惧阻碍了你。[2] 即使我知道,

---

[1]《家庭问答》(Family Feud)是由史蒂夫·哈维主持的美国热门问答竞猜类综艺节目。
[2] 最经常出现的恐惧有:(1)认为自己不够好;(2)感觉自己没有被爱着。有其中一种?恐惧俱乐部欢迎你加入。

这世上也没有一种放之四海而皆准的、对每个人在不同情形中的恐惧都适用的应对方法。恐惧有很多种类型和不同强度，从手心出汗、肠胃打结，到头脑中的噩梦场景，再到恐惧症。此外，我们都有自己对恐惧的"爱称"——担心、压力、焦虑、恐慌、惊骇、怯场等。最后，我们每个人都有自己独特的、多维度的情绪历史，从童年的创伤和青少年时期的羞辱感，到成年后积累的织锦一般的情绪体验。显而易见，恐惧是复杂而多面的，这就是为什么它是许多优秀的书籍、课程和疗法的唯一焦点。

改变你的恐惧更像一门艺术，而不是科学。不同的方法对不同的人有效，你应该混合、搭配和尝试不同的方法与策略。下文介绍的这些方法与策略是认知、情感和身体策略的混合体，可以将任何恐惧转化为富有成效的创造性燃料。多年来，我一直使用和教授它们，知道所有这些方法与策略在你怀着真诚的态度使用时都是有效的。接下来，让我们从一个重要的范式转变开始。

恐惧不是敌人

世上很少有怪物拥有让我们害怕它们的正当理由。

— 安德烈·纪德 —

我们犯的第一个也是最大的错误是：我们把恐惧变成了敌人，

一个挡在我们和梦想之间巨大的、粗壮的、恶毒的怪物。但是，如果这种想法不仅是错误的，而且对我们的伤害远远超过了它带来的好处呢？如果我们只是被教授去相信一个关于恐惧的令人沮丧的故事，而其实恐惧这种自然情绪是服务于我们的，而非旨在阻止我们呢？

恐惧是一种进化而来的反应，使我们的祖先不被老虎吃掉。如今，同样的本能让我们避免走入车流之中。至少可以说，它不是有害的。如果能正确地理解恐惧，恐惧其实总体是有益的。

你的恐惧不需要被制服或消灭。我们需要倾听和感谢它，因为它为我们带来了馈赠。想一想一个在摇篮里号啕大哭的婴儿或一只不停嚎叫的狗，二者都在尽力沟通着什么，即使没有用语言清楚表达的能力。

恐惧也是如此。恐惧用它唯一的工具来与我们交流，让你感觉到它的存在。当你感到它的存在时，它就在发出出于同情的警报，尽力让你注意到它的存在。这种微妙而又重要的区别将帮助你放下武器，张开双臂，微笑迎接你的恐惧。

恐惧不是敌人，等待恐惧感停止才是。

重申一次，恐惧不是敌人，等待恐惧感停止才是。花太多时间试图打败或消除你的恐惧，只会让你陷于困境。只要你还活着，恐惧就会一直陪伴着你。无论你获得了多少经验、成功，也无论你名声如何，这些都不重要，你永远都会感到恐惧。不要被诱骗，以为会有神奇的一天到来，从那一天起，你将不再感到恐惧，而只有到那一天，你才算准备就绪，才能开始行动。事实不是那样的。行动是恐惧的解药，会分解恐惧。你需要在感受到恐惧的同时就采取行动。

做出决定，即使你已吓出一身冷汗；扬声开口，哪怕你的声音在发抖；骑上摩托车，哪怕你的身体颤抖不止；提高你的速率，哪怕你恶心想吐；发出你的募资演示稿，哪怕你肠胃仿佛打结成一团；去进行高难度对话，哪怕它让你如坐针毡。实际去做一件事比面对我们在脑海中反复纠结于这件事而给自己施加的恐惧要容易得多。最快摆脱恐惧的方法就是面对恐惧。

如果恐惧能激励你去行动，那它就是健康的。如果对失去孩子监护权的恐惧让你戒毒，那就对它说谢谢，恐惧会引导你回到爱的怀抱；如果对债务的恐惧让你开始理财，那就对它说声谢谢，恐惧会催生自由；如果对在子孙毕业前心脏病突发的恐惧促使你吃更多的蔬菜，那就对它说声谢谢，恐惧会让你拥有更长寿、更健康的人生。

恐惧是你的盟友。它是充满关怀的信使，是支持你的朋友，也永远是你的后盾。

恐惧是你灵魂的导航仪

只要人们花点时间问自己:"这可能还代表着什么?"
世界上大多数的误解就可以被避免。

— 香农·L.奥尔德 —

十有八九,我们的恐惧是指令性的。它是一个路标,指向我们灵魂想要去的确切方向。

如何知道自己的恐惧是否是指令性的(相对于使你存活的恐惧而言)?如果你无法从心底或脑海中摆脱某种想法,那它就是一个信号。无论你怎么努力,它都会不断跳出来,比如上声乐课、开一家面包店、写一本儿童读物、游历全国各地、学习西班牙语、竞选当地政府官员、拯救或结束一段关系——任何愉快或冒险的创造性努力。

每当想象自己向着某个想法前进时,你可能就会感到恐惧。但恐惧是不会用语言来和你交流的。它会尽最大的努力让你觉察到一种信号,告诉你这正是你经常犯错的地方。我们可以把任何类似恐惧的感觉解释为:"危险,停下,别向前走。"一旦收到信号,我们脑海中的声音就会列出一连串看似合理的借口,让我们远离识别到的危险。

你疯了吗?！别去。

你太老了。

你太年轻了，谁会把你当一回事儿呢?

你就不能对你所拥有的一切心存感激吗?

你的好时候已经过去了，接受吧。

你完全不知道该如何开始。

你不够专注。

你没有看到任何后续进展。

你会背负大量债务。

你会在网上被人骂。

你负担不起这个。

你会毁掉你努力工作所创造的一切。

留在自己的行当里。

你没有这个天赋。

大家都已经做过了，而且是以远远更好的方式。

这真是个愚蠢的主意。

结果呢? 我们没采取任何行动。零增长。舒适区完好无损。

但是，如果我们误解了信号呢? 如果恐惧的信息不是"危险"，而是"行动吧！"恐惧在上蹿下跳，挥舞着双手，搞出它力所能及的最大动静:"是的！是的！是的！这很重要！来吧，做这件事！"恐惧完成了它的工作，发出了信号。然而，我们的解释是错误的。

史蒂文·普莱斯菲尔德在他具有颠覆意义的作品《艺术的战争》(The War of Art)中写道：

> 我们对一项工作的召唤越害怕，就越能确定我们必须做这件事……因此，我们对一项具体的事业越是感到恐惧，就越能确定这项事业对我们、对我们的精神成长来说是重要的。

从这个角度来说，我们的恐惧是具有支持性和指导性的，并非可耻的、软弱的，当然，也并非可以忽略的。事实上，我们应该庆幸我们得到了这样清晰、有内涵的指导。我们已经挖掘到了一座金矿。仔细想想看，如果你心中的一个想法能唤起那么多的身体反应，难道不意味着它一定有值得探索之处吗？

一件事情是你的灵魂想要追求的，并不意味着追求的过程会很容易——我保证不会。检查一下控制面板，戴上你的防爆头盔，系上安全带，你要去冒险了。沿途，你将经历喜悦、眼泪、惊喜、困惑、迷茫、跌跌撞撞，以及大量的突破（和崩溃）。"所有问题都是可以解决的"生活哲学并不能保证你的人生没有痛苦，只能保证你的人生不留遗憾。

当你从骨子里知道，无论遇到什么事，你都能想办法解决，冒险就会变得不那么可怕了。事实上，大声说出"所有问题都是可以解决的"，是说服自己走出自我怀疑的有效工具，你可以把它当作神圣的口令来重复（我就是这样做的）。它能使你的神经系统平静下来，并使你的思想集中起来。

所有问题都是可以解决的。

你可能会问："如果我真的害怕付不起房租，害怕犯下一个愚蠢的、不可逆的错误，毁掉我的后半生，甚至毁掉我爱的人的生活呢？"

很好的问题。下面我们谈谈如何针对性解决这些问题。

驯服恐惧

一种恐惧如果无法被表达，就无法被驯服。
—史蒂芬·金—

我们的恐惧之所以会具有这么大的消耗性，其中一个原因是它们很模糊。我们没有放慢脚步来彻底地质疑它们或评估它们的可能性，所以不知道它们有多大可能会成真，也没有一个切实可行的计划来应对恐惧之事成真的情况。这就相当于我们闭上眼睛，捂住耳朵，大喊"啦啦啦啦啦啦啦"，希望我们的恐惧会神奇地自行消失一样。逃避并不能让你的恐惧消失，行动才会。

你要做的事情是，写下在最坏的情况下，如果你将某个令你兴奋但又让你恐惧的想法付诸行动，可能会发生的事情，深入挖掘它。接下来，用1到10来给这个最坏的情况发生的可能性打分，1是不可能，10是几乎保证会发生。最后，想象一下最坏的情况真的发生了，写下你如何恢复、重振起来的行动计划。

我在创业的时候就写过一个简化版的计划。我最坏的情况是彻底失败和接受随之而来的羞辱。也就是说，我不会赚到足够的钱来维持自己的生活；我会在一个失败的创业项目上浪费多年的生命；我会成为朋友们的笑柄，让家人失望；我的下半生都会在调酒和打零工中度过。

我进一步挑战自己，问自己：如果最坏的情况发生了，我还把调酒的工作搞丢了，会怎样？我意识到，我终极的恐惧是失去一切，无法自力更生。

然后，我反转了一下，写下了最好的情况。我想象了所有我可能从前进中获得的潜在利益。以下是我想到的一些收获：

做我生来就该做的事情，从中获得快乐和幸福
为他人带来积极的改变并获得成就感

财务自由

有能力照顾我的家人和朋友

拥有资源来奉献给他人和我所相信的事业

一个支持社会变革的平台

有机会与我敬佩的人合作

随心自由地生活在任何地方

旅行和冒险

不断地学习、成长和创造

无怨无悔地生活

哇！即使只能体验到其中的一小部分，我也会快乐地死去。虽然我知道没有什么是确定的，但潜在的好处远远超过了最坏的情况。

如果你对害怕追求自己的梦想有合情合理的理由，现在就花15分钟来做这个练习。不要只是在脑海里想一想，在纸上写下来。写下可能会发生的最坏的事情，以及那对你来说意味着什么，包括精神上、情感上和经济上的。是损失金钱的问题吗？会打击你的自尊或败坏你的名誉吗？会让你失去工作或生意吗？会让家人或爱人失望吗？问自己："如果发生这种情况，最糟糕的事情是什么？"继续思考，直到你到了你能想象到的最坏的地方，那就是你的谷底。接下来，用1~10分来表示那最坏的情况发生的可能性有多大。然后，写出你可以采取的确切的重振自我计划。

这个练习可以帮助我们认识到，即使一切都崩溃（重申一次，这是极不可能的，尤其是当你提前解决了潜在的问题时），我们也总能做一些事情来让自己重新振作起来。

最坏的情况往往是小概率事件。如果你做好防止它们发生的策略，以及如果它们发生，你会如何应对的计划，那么它们发生的可能性就会更小。

一旦你把你最黑暗的恐惧和重振计划写在纸上，你的观点就会反转。这一次，写下最好的情况，写下你在前进的过程中，可能会获得哪些好处。你会重新点燃你的快乐和激情吗？会得到学习和成长吗？生活中不会有遗憾感吗？会对他人产生积极的影响吗？会有经济上的回报吗？会有创造性的收获吗？会有关系上的改进吗？某些自由可能只有在你冒险说"是"的情况下才会产生吗？把这些问题的答案写下来，尽可能具体。

做好这个练习后，你就准备好要么迈出落实你想法的第一步（这是你现在需要关注的全部），要么调整你的计划，让最坏的情况和重振计划成为你可以接受的东西。一次调整可能看起来就像是把一个巨大的梦想分解成更多可做、可实现的小目标。与其辞掉工作去写下一部伟大的美国小说，不如保住你的工作，写出你的第一部短篇小说。也许你可以先做一个小规模的测试，然后再去冒更大的风险（例如，在国外生活和工作三周而不是三年）。

重点是，不要让你的恐惧无踪影，请在纸面上面对它们。很有可能，你最大的恐惧不过是一只可以拆解的纸老虎。

巧用语言的炼金术

> 没有什么是好的，也没有什么是坏的，只是思想使然。
> — 莎士比亚 —

乔希的父亲是一位著名的理论物理学家，曾与爱因斯坦（没错，就是那个爱因斯坦）合作过。当乔希还是个孩子的时候，他的爸爸会说，在最深层次，宇宙中的一切都是由同样的东西构成的。一棵橡树、一辆跑车、一只手，所有的东西都是由不同频率振动的原子和能量组成的。

乔希长大后成了一名演员，在电视、电影和戏剧领域工作的同时，创立了"坚定的冲动"（Committed Impulse）机构，培训演员和演说家创造自发、生动的表演。

该机构中最有力的一课是挑战一些想法、观点，比如关于"好"情绪和"坏"情绪的看法。如果所有所谓的"坏"情绪，包括恐惧、紧张或焦虑，都只是以不同频率振动的原子和能量，但却在我们所受的教育里被贴上"坏"的标签呢？比如说，如果让你把你所说的恐惧描述为纯粹的身体感觉，你会怎么做？也许你会说你的胃里有一种翻动的感觉，胸口发紧，或者是心头有沉重感。这种恐惧究竟会在哪里——在你的脖子、额头或者大脚趾上？它的颜色、形状、质地或运动模式会是什么？

请清除你告诉自己的这些负面故事——那些感觉本身有那么可怕吗？你有没有允许自己真正地去感受那些感觉，而没有上演一出心理大戏？当然，它们可能并不令人愉快，但是会令你难受到为了只是片刻不体验它们，便放弃自己最大的梦想吗？

请思考一下：你之前标记为"恐惧"的情绪是否有可能是另一种情绪？你所认为的"恐惧"的感觉有没有可能被视为预期、期待，甚至是兴奋？

据说，布鲁斯·斯普林斯汀[①]在充满尖叫声的体育场即将登台时，也会感到一系列生理反应。

> 在我上台前，我的心跳有点儿加快……我的手出了点儿汗……我的腿麻了，好像被针扎了一样……我的胃有一种紧绷的感觉，开始不停地揪紧……当我有这些感觉的时候，我

---

① 布鲁斯·斯普林斯汀为美国知名摇滚歌手。——编者注

知道我很兴奋、很激动、很振奋，准备好上台表演了。[1]

很奇妙，对吧？斯普林斯汀将这些身体的感觉解释为准备就绪的信号，而不是害怕、焦虑或无能的信号。他选择了相信他身体里的震动和感觉在告诉他，他准备好带给歌迷一场传奇的表演了。他选择了一种为他服务的诠释。

除了我们赋予的意义，没有什么东西是有意义的。无论我们是否意识到，我们对生活中的每一件事、每一次互动、每一种感觉都赋予了意义。为了好玩，不妨试一试一个练习，为最经常阻止你行动的"恐惧"取一个新的名字。与其说自己害怕、紧张或焦虑，不如给这种身体的感觉起个可爱而无害的昵称，比如"咘咘""小太阳""冲冲冲"，运用起来就像：

我马上就要去提加薪的事了，我觉得自己的心情很"咘咘"。

我的天哪，我现在尽是"小太阳"的感觉，我就要把投稿发给编辑了！

我的天哪，我充满了"冲冲冲"！我就要上台给5000人演讲了！

我知道，这听起来很荒谬，但这正是它的作用所在。有时候，我们需要不要把自己看得太重要。像"小太阳"这样的词，可以打破我们的假想恐惧，帮助自己放轻松。正如美剧《权力的游戏》中凯特琳·史塔克说的，"笑声是恐惧的毒药"。

说白了，重新给自己的情绪贴上标签并不意味着否定它们、压制它们，或者假装它们不存在。你仍然在体验你身体的感觉。你还在呼吸，还存在着，还在代谢你体内的能量。你只是并未给你感觉在伤害你而非帮助你的东西贴上负面的标签或给予戏剧性的解释。情绪只是能量，所有的能量都是可以转化的。别将手心冒汗的手掌和翻滚搅动的肠胃解释成你恐惧的迹象，将其解释为你准备好了的迹象。

恐惧与直觉：如何区分

你的智慧，胜过最深的哲学。

—尼采—

当你面对一个成长的机会时，感到犹豫不决和不确定是很正常的。但是，你如何分辨出需要转化、有指示性的、有益的恐惧，以及告诉你不要做一些你以后会后悔的事情的直觉？

这其中有重要的区别。我通过信任我的直觉来经营我的事业和生活，它从未引导我出错过。那些基于直觉的警钟响起时，是有理由的。

每当对某种情况感到纠结,不能立即分辨出自己是在经历正常的、健康的指示性恐惧(一个你需要说"是的"并成长的信号),还是一个让我转身逃跑的直觉性提示时,我总是通过微妙的身体反应测试来找到答案。只需要几秒钟,就会产生一个明确的答案,屡试不爽。

如何做这个测试呢?找一个舒适的坐姿或站姿,闭上你的眼睛,做几次(至少三次)深呼吸,让你的心静下来。在你的身体里,让自己的心静下来。然后问自己下面这个问题,并仔细注意你身体不由自主、转瞬即逝的反应。

对这个感受说"是的",我感到身体膨胀或收缩了吗?

换句话说,当你想象着自己利用这个机会前进的时候,在你问出这个问题后的那一纳秒,你的身体会有什么反应?你是否感觉到一种开放、前进的感觉,胸中有一种轻盈的感觉?是喜悦、兴奋,还是有趣?

或者,你立即感觉到一种沉重和恐惧了吗?你的心是否下沉?你是否察觉到胸口一阵紧缩,或者肚子有一种不舒服的感觉?你的体内是否有什么微小的部分在退缩、关闭,或者以某种有力的方式说"不"——尽管拒绝可能并不符合逻辑?

我说的不是你的想法。我对你的心智认为你应该做什么不感兴趣。我是让你注意你身体里、你心里的真理和智慧。当你仔细注意并倾听你的非言语性、几乎是预言性的暗示时，你会注意到有一种能量在向一个方向移动。很明显，如果你感觉到任何接近于开阔、喜悦或兴奋的感觉，那就是直觉的信号，让你往前走，说"是的"。而收缩或任何厌恶感，意味着这是不该做的事情。

你的身体有与生俱来的智慧，它远远超出了理性和逻辑的范畴。你不能通过思考的方式来获取身体的智慧，而必须用感觉的方式。你的心、内脏、直觉——无论你怎么称呼它——都比你的头脑更有智慧。在一个久坐不动、以屏幕为中心、以颈部以上部位的运动为主要生存方式的文化中，感觉到和"听到"你身体所传达的信息是需要练习的。但就像其他技能一样，它是可以培养的。

为了更好地控制、区分你的恐惧和直觉，下面的问题可以帮助你。记住，智慧就在你的身体里。在回答这些问题时，把你的注意力向内引导。

我真的想做这件事吗？

当我想象着对这件事说"是"的时候，我感到身体是膨胀还是收缩的？

说"是"会让我感到高兴还是恐惧?

这是否让我感觉到快乐和有趣?

如果我的银行里有2000万美元,我还会这样做吗?

当我在这个人(或组织、环境)旁边的时候,我是会觉得自己更有自信和能力,还是会拿自己做比较,觉得"不及××"?

当我和这个人在一起后,我觉得更有活力还是活力减少了?

我是否信任他们?

我是否感觉到安全、被理解、被尊重?

注意你的第一感觉或者说的第一句话,哪怕它让你感到惊讶。

失败的真相

有一次面试时,有人问我,我最大的失败是什么。我瞬间语塞,像被车前灯照射的小鹿一样愣住了。我什么也没说。之后,我觉得很奇怪、很糟糕。为什么我不能回答这个简单的问题?我又不是没犯过错,我经常犯错!

然后,我突然想到了。我心中的文件柜里没有永久的失败文件夹。在你讨厌我或认为我是一个特别蹩脚的人生教练之前,让我解释一下。我脑海中没有那个文件夹的原因是我二十出头时看到的一句老格言：

> 我要么赢，要么学到东西，但永远不会输。

这句话立刻成为我的口头禅之一。听到这句话后，我完全改变了自己的看法。谢天谢地，因为我以前很喜欢把自己的错误记录下来。但事实是，过去我所谓的"错误的"行动或"失败的"尝试最终没有一次没带来好的、有用的结果。

这就是为什么我会被那道面试题绊住。当我回顾这个令人窒息、令人心碎的叫作人生的冒险时，我理所当然地看不到失败。我所犯的每一个痛苦的错误都是通往更好的我的垫脚石。

现在，让我们说实话吧。我在失误时或失误之后，是否会哭，觉得自己像个无知的白痴？会。我如果浪费了大量的时间、金钱或精力，是否会自责？也会。但是，当我想起"我要么赢，要么学到东西，但永远不会输"的那一秒，我就开始恢复理智和客观。这场"灾难"中（最终）会有好的结果产生。有些东西会帮助我成长，让我下次能做得更好。

失败作为一个概念，是非常短见性的。这就像看一部电影，如果你因为人物之间的冲突而暂停在了中间，不继续看下去，就不知道故事的结局是什么。这对大银幕而言为真，对于你生命中不断展开的冒险也为真。除非你已经死了,在另一个世界读到这句话,否则你根本不知道你人生的走向。

此刻,想想你过去的失败——项目无疾而终,你一败涂地的时候,或者男女关系出现了意外的问题……任何言语、行动或决定的失败。这些回忆可能会让你很痛苦,但在这些过程中,你不是也学到了一些东西吗?难道你没有获得洞察力、理解力,或者宝贵的经验吗?难道你的一些挫折或失败没有指引你走向更高层次的道路吗?

关于失败的极佳见解之一来自维多利亚·普拉特法官。普拉特法官因在新泽西州纽瓦克市改革刑事司法系统的工作而赢得了国际赞誉。她没有把犯人丢进监狱,而选择让他们上交反思性作文。她的法庭上时常掌声雷动,以至于有人把她的法庭比作外百老汇的一场演出。普拉特法官曾对我说:"失败只是一个事件,不是一种特征。人不可能是失败者。"

让这句话渗入你的心里。人不可能是失败者。我们都会做出错误的判断,但你的失败是某个事件,不是永久的性格特征。失败不是你本身。

你不是失败者,也不可能成为失败者。

"失败"这个词,就是在学习上的勇于尝试。它没有什么可害怕的，也没有什么可逃避的。从这个角度看，失败不是你在人生路上遇到的小事故，而是一个必备特点。虽然这听起来是老生常谈，但只有在停止学习和成长时，你才会真正失败。

从知到行

每一次停下来正视恐惧，你都会从中获得力量、勇气和信心。

— 安娜·埃丽诺·罗斯福

1. **如果把你的想法落实到行动上，你想象中可能发生的最坏的情况是什么？** 是赔钱吗？看起来很傻吗？丢掉工作或生意？让家人或爱人失望？你的目标是把你最深层的恐惧从脑海中倾倒出来，写在纸上。不断地去写，直到你的恐惧触及谷底。然后问自己："如果发生这种情况，最糟糕的事情是什么？"逼迫你自己，直到到达你恐惧的地下室。

2. **看一看你写的内容。** 你觉得这个噩梦发生的可能性有多大？以 1~10 进行评分，1 是完全不可能，10 是肯定发生。

3 现在写出如果最坏的情况真的发生了，你会采取哪些具体步骤来恢复和重建生活。如果必须重振自我，你会怎么做？

4 **反转视角**。最好的情况是什么？有哪些可能的回报——可能从前进中得到的好处？尽可能多地列举出来。

5 把恐惧作为你的 GPS（全球定位系统）来探索。保持好奇心，倾听你的恐惧。恐惧可能发出了什么有益的、积极的信号？它试图传达的是什么富有成效的信息？它在引导你去往何方？

6 利用你的语言。如果说"恐惧""压力大""害怕""焦虑""紧张"会让你僵住或不知所措，那就给这些情绪换个名字。借用"咘咘""小太阳"，或者想出你自己的新词（提示：争取用一个听起来很可笑的词）。

7 想一想你"失败"（或者更准确地说，是在学习上做的一次尝试）的具体时间。从中挖掘出金子。你从中得到了哪三件好东西？学到了什么教训？你因此获得了什么有价值的理解？

"所有问题都是可以解决的"实地记录

她用尽一切办法摆脱了一段受虐的婚姻关系，带着两个孩子，没有任何后备计划。她打破了恶性循环，正在重建她的生活，一步一个脚印地走下去。

我在 20 年后结束了一段饱受虐待的婚姻。说实话，玛丽，在这段婚姻中，我在心理上已经彻底崩溃了。当时，虐待严重到令我相信我根本没有能力离婚。

你对待混乱的冷静态度让我明白，虽然我不知道离婚的另一面是什么，但我知道我可以想办法解决一切。我带着两个孩子，带着他们的行李、我的教育、我的事业、我的尊严、我即将报废的车，离开了。我正在想办法解决所有问题，一天比一天过得好。我的孩子正在见证我如何打破恶性循环。

谢谢你，玛丽，一切真的都是可以想出办法来解决的，即使是我认为不可能实现的事情。你的话和你对生活的态度，让我明白我可以迈出一步，制订一个让自己在经济上保持稳定的计划，然后再迈出一步（找到一位能干的律师，想出一个逃跑计划）。然后，我采取了行动。

　　最终的结果是,我脱离了可怕的处境,我的孩子更能体会到维护自我意识和自我完整性远远比旁人对完美的看法更重要,而我也在我的职业生涯中建立起了良好的声誉。

- 杰西卡,于密苏里州 -

5

定义你的梦想

一切都在心中，心是一切的开始。

知道自己想要什么，是得到它的第一步。

— 梅·韦斯特 —

还记得小时候，大人们反复问我："你长大后想做什么？"我永远也说不出一个确切的词来概括。

我想做一个作家、艺术家、舞蹈家、商人、动画师、教师、歌手、时装设计师……还有化妆师！

这张清单在我上学的过程里不断变化，但总是很长。我以为我所有的兴趣都会在大学的炼金术作用下神奇地融合在一起，然后我就会带着唯一的职业憧憬毕业，但事与愿违。

20多岁时的我感觉自己是这星球上最可悲的人生教练。那时，我刚和一个可爱但不适合我的男人解除了婚约，这不仅让我在感情上很受伤，而且导致我囊中羞涩、无家可归。绝望之下，我搬回了新泽西州的父母家，以重振自我。（我的父母在我 8 岁时就离婚了，但几年后又和好了。）

在家住了两个星期后，我和母亲大吵了一架。很明显，我不能再待下去了。幸好，我在杂志社工作时认识的一个慷慨的朋友愿意收留我。我睡在她位于西村小公寓客厅里的气垫床上。她愿意让我和她一起住，真是个天使。（谢谢你，达娜。）

那就是我当时的处境——一个举步维艰的人生教练，感觉自己是最大的失败者。白天，我忙于自己的事业；晚上，我端盘子，做服务生赚钱。但我无法摆脱一种阴魂不散的感觉，那就是，时间飞逝，而我离我理想的目的地万分遥远。

我虽然很喜欢教导他人和个人发展，但还是有种不完整感，就像我的工作与生活的拼图中缺少了一块（或几块）。在我的内心深处，我相信我有一些独特的东西可以奉献给这个世界。但，我仍然觉得自己是个毫无成就的不合群者。

我害怕别人问我："那你是做什么的？"耻辱感让我想找个地缝钻进去。另外，把自己称为"人生教练"，只专注于这个职业，让我感觉很狭隘、很局限。我无法拒绝探索其他方面的意愿，比如跳嘻哈舞蹈、健身和写作。我也对网络商业和数字媒体这两个新兴领域充满了热情（请记得，那是 2002 年左右的事）。我那时候的日记里充满了对上天的绝望哀求。

§ 定义你的梦想

为什么我不能像其他人一样只挑一件事来关注？

我到底是怎么了？

我怎么知道人生教练是我生命中唯一应该做的事情？

如果我浪费了我的其他天赋和才能怎么办？这一切感觉都不对！

是我的大脑出了问题吗？难道我压根没有专注的能力吗？

我是不是有毛病？

在职业上，我全盘皆输。我喜欢做人生教练，但无法想象自己做一辈子。在寻找答案的过程中，我开始阅读所有关于事业、商业和成功的经典书籍。它们中的大多数提供了不同版本的传统建议：

"主宰一个利基市场。"

"越是专业的人，就能越快成功。"

这些建议是有道理的。但每当我试图"选择一件事"时，我就觉得自己像被砍掉一条胳膊一样。我的内心有一个小小的声音在不停地劝我："你不能只做一件事，玛丽。别再试图合群了。"

最强烈、最直接吸引我的是舞蹈和健身。问题是，我没有接受过任何正式的训练。当然，在我十几岁的时候，我迷上了一个叫"运动中的身体"的电视节目，里面有一个叫吉拉德的帅气的以色列裔健身教练。没过多久，我就开始设计自己的健身计划，并成为金子健身房一名骄傲的铁杆会员。

说到跳舞，我会在我母亲的油毡地板上做"太空步"。我从 Yo！MTV Raps、Club MTV 等节目中学习到了舞蹈动作，和朱莉·布朗一起跳。我甚至在新泽西州的非成人舞厅里赢得了青少年舞蹈比赛。我对舞蹈一直抱有激情，但从未踏足过真正的课堂。25岁的时候，我没有任何技巧，也没有任何关于如何进入舞蹈世界的线索。可悲的是，对于一个新手来说，这年龄已经被认为是"老了"。

恼怒让我实现了第一次突破。由于传统的职业建议（只选择一个职业）让我想拿头撞墙，我终于鼓起勇气说："我已经不想再去适应了。我欠了一屁股的债，睡在一个气垫床上。为什么不尝试一下呢？我有什么可损失的呢？"

纽约市是传奇的百老汇舞蹈中心所在地。如果我想去上真正的舞蹈课，不如就去上这种专业课。

在这里说一下，我当时其实很害怕。我害怕被自己的脚绊倒，然后左右撞到人。我想象自己被人嘲笑、被赶出课堂。我比其他学生大了近10岁，感觉那些人都像从子宫里蹦出来后就一直在上舞蹈课。

§ 定义你的梦想

但我还是逼着自己,报了绝对初级的现代爵士舞舞蹈班。我穿着最蹩脚、最呆板的衣服,潜伏在舞蹈室外,看着前一个班的同学完成了他们的舞步。每个人都很有天赋。他们是如此酷、如此年轻。

上一个班的同学一走,我就溜了进去,尽量不引人注意。其他学生陆陆续续进来,坐下。"哦,原来我们上课是以坐着开始的。"我想。老师走了进来,没说一句话,也不跟人打招呼。片刻的沉默后,一个响亮、深沉、稳定的低音节拍充满了整个教室。音乐震荡着我身体里的每一个细胞。每个人(除了我)都开始同步地移动和伸展肢体。在老师的一次次拍掌中,他们明白什么时候该做下一个伸展动作。

音乐响起后不到七秒,我的眼泪就流了出来。我不知道到底发生了什么,也不知道为什么,但就是无法停止流泪。我一边无法控制地抽泣着,一边坐在原地,努力跟上节奏。我用头发遮住脸,幸亏音乐的声音足够大,没有人听到我哭。那舞池感觉就像家。我的身体随着我的动作尖叫着,"你终于听到了"。

我仍然震惊于我们人类浪费大量的时间和精力去优柔寡断、去谈论(在脑海中或大声地谈论)自己的想法,却从来没有就这些想法做任何事情。我花了好几年时间想弄清楚我是否有成为一个舞者的能力。我可以吗?我应该吗?我甚至幻想过成为舞者可能是什么样子。但我从未有任何行动,直到去上课。要问我最大的错误是什么？那就是我在我的脑海中寻找只有通过我的心才能验证的答案。这时，我才明白了一个至今我仍然谨记的教训：

清晰感来自投入行动，而不是思考。

把它写下来。记住它。把它文在你的屁股上。每当陷入优柔寡断的地狱时，你就尽快做点什么。想办法采取切实可行的行动，你便会得到为你下一步行动提供参考的无价反馈。

纠结了75次要不要和伴侣分手？那就和对方分开一段时间，哪怕只是几天，哪怕是睡在别人家的沙发上，或者找一个好的婚姻顾问。要么全心投入修复关系，要么决定好聚好散，总之要投入行动。

晚餐时挑不到合适的酒？让服务员帮你尝一下你最喜欢的两种。他们很少说"不"。行动并干杯！

当你陷入优柔寡断的思维循环中时，请停止思考，开始行动。动起来吧，无论多么微小的事情都要去做。找到（或创造）一种方法，做一个现实世界的实验。行动是通往清晰感最快、最直接的途径。

§ 定义你的梦想

决定你想要什么,是得到它的第一步

> 发现自己真正想要的东西,
> 就可以免去无尽的困惑和浪费的精力。
> —斯图尔特·怀尔德—

每当我做一对一指导时,在最初的课程中,我都会说:"我可以帮你得到你想要的任何东西,但首先你要告诉我那是什么。"这听起来很简单,但简单并不总是意味着轻易可以做到。

我们中有多少人清楚地知道自己在努力创造什么?我们是否能诚实地说"是这个。这个_____(想法/关系/项目/电影/书籍/事业/创业/技能/疗愈之旅/习惯/目标等)是我现在生活的主要焦点,也是我愿意不分昼夜、不分平日与周末地去实现的事情,无论付出什么代价"?

当我不清楚自己的主攻方向,或者更糟糕,不敢承认自己想要什么的时候,痛苦总是随之而来,头痛和心痛无处不在。忽视并不能让真相消失,而只会催生绝望和身体不适。

当你没有明确的、有意义的目标时,你会经历一系列其他问题:

感到迷茫,不知道自己现在应该在哪里,偏离轨道。一些想法反复出现,比如:"这就是一切吗?""我真的在做我应该做的事情吗?"

因为不知道什么是最重要的,也不知道如何驾驭各种机会,所以苦于安排自己时间的优先级。

总是"超级忙",却没能产生有意义的结果。你把事情多和成就感混淆了——把自己搞得焦头烂额,但没有什么实质性的成果。

在耗尽心力的边缘徘徊。精疲力竭、烦躁不安,幻想着逃跑,一去不复返。

这种挣扎是真实的,也是可以理解的。我从来没有上过解梦班,你呢?我们中的大多数人几乎完全没有学习过如何弄清楚自己真正想要的生活是什么,或者,当迷失方向时,如何重新走上正轨。

在这一章中,你将找到你最想弄清楚的东西——最让你激动的梦想、目标、项目或改变。如果你已经知道你的答案,那就太棒了。我们继续往前,接下来的内容将增强你的决心和动力。如果你头脑一片空白,或者害怕承认自己真正想要的东西,那这些挑战行动是至关重要的。

我不骗你,这项工作可能很辛苦。但它越是困难,你就越是需要。你对你想弄清楚的事情越明白,就越有机会做成它。清晰感等于力量。

在这个阶段，你所需要的只是一个比较小的目标——一个有意义的、促使你学习和成长的东西。你不需要一个改变世界的史诗般的目标，尤其是当它让你难以承受的时候。你也不需要知道如何实现这个目标。你只需要一个明确的标记，因为你无法击中一个你看不到的目标。

下面是这个过程中最令人兴奋的地方。一旦你明确并致力于一个梦想，原本沉寂的神秘力量就会开始发挥作用。这种强大的、神奇的力量既是宇宙性的，也是科学性的。苏格兰登山家威廉·哈奇森·默里在他1951年出版的《苏格兰人的喜马拉雅山探险》（The Sottish Himalayan Expedition）一书中，对前者做出了最好的阐述：

> 一个人在真正决定立下承诺之前，会犹豫不决，认为有退缩的余地，并且常常做出无效行动。对于所有主动性（和创造性）行为而言，存在着一个基本的真理，缺乏这一点认知会扼杀无数的想法和辉煌计划。这个真理就是，当一个人义无反顾地决定去做一件事时，上天也会随之响应。一连串的东西从这个决定中产生，为他带来各种意想不到的事件、相遇以及物质上的帮助。

我们生活在一个智慧的宇宙中。你的生活是一系列持续创造的行为，你是百分之百的主宰。当你对你想要的东西做出明确、负责的决定时，你就像拿起电话，向宇宙下达了一个订单。你必须要尽可能努力地做到果断、明确和具体，因为含糊其词的目标会得到含糊其词的结果。

人们没有得到他们想要的东西的主要原因之一是害怕去索求，害怕自己不具备所需的条件。但是，我发现一个被很多人忽略的秘密：

> 如果你不具备实现梦想的条件，你就不会有梦想。

你生来就具备了响应你内心呼唤所需的一切。这个呼唤包含你心中的直觉性欲望、创意项目、想法、目标和梦想。

忠于自己，忠于梦想

> 我们创造性的梦想和渴望来自灵魂。
> 我们向着梦想前进时，就在向我们的灵魂靠近。
> —朱莉娅·卡梅伦—

作为亚拉巴马州莫比尔市的一个由单身母亲抚养长大的孩子，

§ 定义你的梦想

拉弗恩·考克斯每天都会受到欺凌。因为她的行为不符合传统的男生标准（她的生理性别为男），同校的孩子想打她，把她赶回了家。

三年级的时候，她在一次郊游中看上了一把华丽的孔雀扇。[1] 老师给她母亲打了个电话，说："如果您不马上带他去治疗，您的儿子就会在新奥尔良穿上裙子。"[2] 拉弗恩说，那一刻"我无地自容"。[3]

治疗师建议给拉弗恩注射睾酮来"修复"她。[4] 拉弗恩母亲感到完全不能接受，于是马上让她停止了治疗。2015 年在接受《电讯报》(The Telegraph) 的采访中，拉弗恩分享说："小时候，大家都在告诉我，我是个男孩，但我觉得自己是个女孩。我以为我到了青春期，就会开始变成一个女孩。"[5]

在六年级的时候——就在发现自己喜欢上男生的时候，拉弗恩吞下了一瓶药丸，因为她不想再做自己，也不知道如何做别人。她被别人说，她是个"罪过"，是个"问题"。她不想再活下去了。[6]

她想要的是表演。她求她的母亲给她报辅导班，但她母亲付不起学费。后来，她母亲发现了一个针对贫困家庭的艺术项目。拉弗恩在接受《电讯报》采访时说："突然间，我有了一个发泄方式，有了我喜欢的东西，也有了我可以向往的东西。我童年的美好时刻，就是我在跳舞、创作、表演和舞台上的时候。"

她最终获得了亚拉巴马州美术学院的奖学金。入学后，她开始尝试着穿女装。虽然还有人会欺负她，但她终于开始变得更加自在。

和许多有理想的表演者一样，拉弗恩身无分文地来到了纽约。在纽约，拉弗恩第一次因为自己的身份而被人赞美。在纽约的夜店，看起来与众不同是她的优势。她说："我还是会因为外貌在街上被人骚扰，但到了晚上，我就是一个明星。"[7]

她上过表演班，还能接到几场演出。为了维持生计，她在酒吧当服务员和表演者。2007年，女演员坎迪斯·凯恩饰演第一位在黄金时段电视节目中长驻的跨性别女性角色。当这一突破发生时，拉弗恩·考克斯对自己说："这一（突破性）时刻终于来了。"[8]

受到启发的拉弗恩给选角导演和经理人发了数百封邮件，写道："拉弗恩·考克斯是你所有表演需求的解决方案。"这500多封邮件令她收获了4次会面，其中一次让她见到了她后来的经理人。

尽管如此，到2012年5月，拉弗恩已经有将近一年的时间没有接到表演工作了。她想去读研究生，从朋友那里买了一些学习资料，开始考察学校。但当她背着这些学习资料和母亲一起度假时，她发现读研究生并不适合她（清晰的意识来自投入，而不是思考）。她再次决定投入演戏，并为自己设定了一个目标，那一年，她的目标是找到一个常设的角色。就在这时，她接到了网飞原创剧集的试镜电话。

当然，如果你看过《女子监狱》这部大受欢迎的电视剧，那么你就知道拉弗恩接到了这个角色。她后来赢得了两届艾美奖奖项，并成为第一位登上《时代周刊》封面的公开变性人。在接受《地铁周刊》(Metro Weekly)的采访时，拉弗恩分享说："很多年轻的变性人梦想成为演员，但因为自己是变性人，所以认为这是不可能的。我曾经也几乎放弃。幸运的是，我最后没有放弃。我不喜欢'榜样'这个词，而更喜欢'可能性参照榜样'。"[9]

拉弗恩1993年搬到纽约，到2012年才拍摄了《女子监狱》，这中间经过了19年。虽然有过沮丧和绝望，但她从未放弃自己的梦想。从获得机会和平台的那一刻起，她就开始用自己的声音来回馈社会。她说："当我开始明白，我的工作就是要为大家服务，把变性人的身份作为我的独有特点，而不是阻碍我演戏的缺陷时，我的事业就改变了。"

从她的演艺事业到她的行动，拉弗恩向我们展示了一种力量，这种力量来自对自己和梦想的坚守。

利用注意力过滤器，找到目标

如果你执着地追求一个想法，你就会发现它无处不在，甚至能闻到它的味道。

— 托马斯·曼 —

如果我告诉你，你有一个神奇的神经系统精灵，它每年365

天、每周 7 天、每天 24 小时工作来指导和支持你，你觉得怎么样？接下来，我们将讨论将目标具体化如何提升你的大脑能力，从而帮助你想出如何实现它。

你的大脑每时每刻都被数十亿比特的信息轰炸着。可想而知，它并不会有意识地处理所有的信息，但尽管数据不断涌入，你的大脑也不会短路。为什么？

你的大脑如何决定哪些信息可以进入，哪些不可以？答案的一部分在于一个叫作 RAS（网状激活系统）的复杂神经网络。RAS 作为注意力过滤器，发挥着重要的功能。它会自动筛选和分类传入数据，从你的意识中过滤掉不重要的东西，只允许重要的东西通过。因为 RAS，所以你经常能把嘈杂的咖啡馆里的喧闹声屏蔽掉，但如果听到有人叫你的名字，你就会立刻反应过来。因为 RAS，所以你虽然之前从未注意到或关心过干刷皮肤，但听到朋友说那是彻底改变她皮肤的诀窍后，突然间，关于干刷皮肤的小贴士、文章、话题开始不停地出现在你的生活中。

作家丹尼尔·J.列维汀在他的《有序：有关心智效率的认知科学》[1]一书中写道：

> 数以百万计的神经元不断地监控着环境，以选择最重要

---

[1] 中文简体版由中信出版集团于 2018 年出版。——编者注

的东西作为我们的焦点。这些神经元被统称为"注意力过滤器"。它们在很大程度上是在后台工作,在我们的意识之外。这就是为什么我们日常生活中的大部分知觉垃圾不会被记录下来,也是为什么你在高速公路上连续开了几个小时的车后不会太记得那些呼啸而过的风景。你的注意力系统会"保护"你不去记录它们,因为它们并不重要。

明确定义你梦想的行为会告诉你的大脑,现在它是有价值的,应该优先考虑。你会召集你的 RAS 来帮助你把这个梦想变成现实。你的 RAS 会开始扫描你的环境,寻找与你所宣布的重要目标相关的任何机会、人和信息。它会开始处理、筛选想法,并引导你关注你所需要的解决方案,不管你是否意识到。

你觉得这本书是怎么到你手里的?它并非平白无故地进入了你的世界。你内在的某个更深层、更睿智的部分引导你找到了这些文字。你的 RAS 已经在工作,正在帮助你实现你内心深处渴望的改变。

保持警戒,保持眼睛、耳朵和心灵的开放。你在收音机里听到的下一首歌中,可能就会有启示。它也可能藏在本周末你看的电影的故事中,或者你在网上偶然读到的一篇文章中。也许在杂货店里与陌生人的一次邂逅会指引你走下一步。在洗澡或通勤时,也许你会忽然灵光一闪。重点是,一旦你在认知和情感上确定了一个重要的目标，你的 RAS 就会不停地工作，以完成任务。无论需要多长时间，无论路径变得多么不可预知，它都会勤勤恳恳、坚持不懈地完成任务。日复一日，它将对海量的数据和信息进行排序，引导你准确地找到你接下来需要看、听、注意的内容。

明白了吗？你的脑海中确实有一个强大的精灵在发挥魔力，帮助你得到你想要的东西。它唯一的要求就是，你要清楚地说出你的目标。

如何将成功率提高 42%

翻阅旧日记和笔记本，可以令人大开眼界。我写下了大量的想法、梦想，以及一些在当时看来很荒唐的零碎主意。在创业初期，我如饥似渴地向著名企业家学习。我接触到了理查德·布兰森爵士和他的非营利性组织维珍联合（Virgin Unite），并被深深吸引住了。我喜欢"维珍"这个非常成功的营利性品牌的不拘一格，以及它通过非营利性部门对慈善事业的慷慨投入。我把"Virgin Unite"潦草地写在一本黄色的横线簿上，然后就把它忘了。

九年后，我在纽约的一次活动中遇到了维珍联合组织的人。这次邂逅转变成了一次邀请，而后我应邀去南非指导当地的初创企业，并与理查德·布兰森爵士共度了一段时光。我后来又在维珍联合做了几个项目，并与这个团队建立了良好的关系。直到很多年后，我在清理一个旧柜子时，才发现那本写着"Virgin Unite"的黄色横线簿。当时看来疯狂而不可能的想法，多年后却以我意想不到的方式实现了，而维珍联合的故事只是其中一个例子。

这并不奇怪。加州多明尼克大学心理学教授盖尔·马修斯博士所做的一项经常被引用的研究表明，如果你把目标写下来，你实现目标的可能性就会增加42%。盖尔的样本包括了来自世界各地各行各业的男性和女性，年龄从23岁到72岁不等，有企业家、教育者、医疗卫生工作者、艺术家、律师、银行家等。她将参与者分为两组：写下目标的人和没有写下目标的人。结果很明显，写下目标的人实现目标的概率显著高于没有写下目标的人的。

虽然这看起来是很基本的一步，但大多数人不会写下对自己而言最重要的东西。如果我正在考虑打一个赌，而你告诉我，把赌注写在纸上可以使获胜率提高42%，那我当然会照做！如果我正在接受某种治疗，而我的医生说："嘿，如果你把这个写下来，你的治愈概率会增加42%。"我难道会不听从吗？谁不希望提高好事发生的概率呢？

即使没有这个研究，写下你想要的东西，也是纯粹的常识。在这个容易分心、过劳、超负荷的世界里，写下最重要的东西似乎是一种保持专注的好方法。写下你的梦想会迫使你对自己想要的东西产生更清晰、具体的认知。模糊不清是成就感的敌人。

我们在生活的每个领域想要获得一个结果时，都会自然而然地这样做。如果你在装修厨房，你不会一觉醒来就拿着大锤去砸水槽，而是先在纸上拟出一个计划。需要去超市买菜？写个清单。想掌握一门新科目？要做书面笔记。要去旅行？绘制出你目的地的地图。想想你曾经参与过的任何专业项目，是不是合同、工作协议和采购清单把日常的想法变成了现实？无论你想弄清楚什么，有一点是肯定的：把它写下来是实现它的最基本步骤。

你不应该只是把目标写在日记里，然后结束这一天。你应该经常看一看，每天都看是最理想的。这样可以让你的头等大事一直挂在你的心上。

从知到行

这次的实践比之前的所需时间更长，也更有深度。给自己系好安全带，拉下手刹，我们要奔驰到你的灵魂最深处。我保证，你现在所付出的专注、诚实和努力会得到十倍的回报。

§ 定义你的梦想

第一步：列出你未来一年内的最大梦想

梦想是你的心许下的愿望。

—《灰姑娘》（1950年电影）

在定时器上设下15分钟的时段，列出一份你最想在未来一年内着手去做或实现的梦想、目标或事件清单。它可以是你需要解决的痛苦问题，也可以是你准备实现的愿望。请写下你脑海中出现的任何你想改变、开始、停止、追求、治愈、学习、体验、探索、创造或实现的事情。

重要提示：你不一定非要在一年内实现这个梦想，但必须愿意从现在开始行动。如果你明确了你要着手的究竟是什么，那么你可以试着头脑风暴一个一年的梦想清单玩一下（答案可能会让你自己大吃一惊），或者直接进入下一步。

如果你因为想不出什么东西而感到焦虑，请不要担心。人们不知道自己想要什么的情况比你想象的更常见。我们中的一些人长期以来一直在讨好别人，压抑自己的梦想，以至于与自己的欲望失去了联系。以下问题可以帮助你，你可以尽可能多地使用这些提示来完成这个练习。

如果你能挥动一根魔杖来改变你的生活或世界上的一件事，它会是什么？

什么事让你对生活、工作或世界感到伤心？

什么事让你对生活、工作或世界感到愤怒？

如果你每天有两个小时的空闲时间，你会用来做什么？

完成这句话：如果……岂不是很爽？比如，如果——

- 我周五不上班。
- 我的伴侣和我有更多的性生活。
- 世界各地的女孩有机会接受教育。
- 我可以找到一个完美的行政助理。
- 我可以说一口流利的西班牙语。
- 处方药的价格更低。
- 我有足够半年开销的应急基金。
- 我在佛罗伦萨住了一个夏天。
- 我把副业变成了一份全职工作。
- 我每天多找了一个小时的时间来写书。
- 每个人都有机会获得清洁用水。
- 我爱我的身体，感觉自己很强壮。
- 我不会老觉得自己是那么无助和孤独了。

你明白了吧。

现在你知道这句"如果……岂不是很爽"的提示多么有魔力了吧！我和同事在公司里经常做这个练习，它常常能带来价值数百万美元的突破。这一切开始于多年前。那时，我的公司规模还很小，公司团建会在我的客厅里举办。我们坐在地板上围成一圈，集思广益，为企业的发展和增长出谋划策。每个人一个接一个地完成"如果……岂不是很爽"这句话，然后抛出自己离奇古怪的、激动人心的、"哦，天哪！我们真的能做成吗"的项目构思。

通常情况下，仅是把这些梦想说出来，我们就会高兴地大叫，扩大了对自我可能性的定义。当房间里突然安静下来，每个人都起了一身鸡皮疙瘩时，我们就知道我们偶然发现了一个不错的想法。有一个大原则，即当你处于"如果……岂不是很爽"的头脑风暴模式时，任何想法都不算太过离奇。

最重要的是，你正在头脑风暴时，要坦诚地说出你想要的东西。不要审查或编辑自己的想法，不要写出你应该想要的东西，不要因为内疚或义务而写出梦想，也不要试图把自己写得完美无缺。头脑风暴的黄金部分往往在后半过程中出现。你的回答只是给你自己看的。如果你还是什么也写不出,或者在寻找自己真正想要的东西时遇到困难,请到本章后面的"定义你梦想时的常见问题"部分进行更深入的梦想挖掘练习。

第二步:相信并实现这个梦想

知道自己为什么而活的人,几乎可以忍受任何苦难。

_维克多·弗兰克尔

回顾一下你的清单,很可能有一两个项目让你怦然心动或兴奋不已(或两者都有)。选择一个你觉得最吸引你的项目,圈出来,然后回答下面的问题。

这一步是为了让你反思一下这个梦想现在对你来说有多重要。如果你在几个梦想之间纠结,请针对第一号梦想完成所有问题,然后针对第二号梦想再回答一遍所有问题,以此类推。在回答时要无情,尤其是在第一部分。你的回答可以从超级肤浅的"为什么?因为我想成为富人和名人"到超级感动的"为什么?因为我想确保每个女孩都能得到她应该得到的教育",把它们都写在纸上。记住,除了你,没有人需要看到你的回答。

A. 重要性。 为什么这个梦想对你来说很重要?实现这个梦想会给你的生活带来什么改变？它将对你的创造力、感情、身体和经济有什么影响？还有谁会因为你实现了这个梦想而受到积极的影响？列出尽可能多的"为什么"。然后，对你写下的每一个原因，再深挖一下。问自己："为什么这很重要？"然后再问："那为什么这很重要呢？""这最终会对我和其他人产生什么影响？"深入挖掘几个层次，直到你找到这个梦想的核心，即为什么这个梦想很重要，以及你想通过实现这个梦想来感受、体验或分享什么。不要跳过这一步。目的性会助长坚持，原因先于结果。如果你没有一堆基于内心的、有力的、关于"为什么一定要实现这个梦想"的理由，那你就不会有结果。

鉴于上面所发现的问题，请回答现在着手实现你的梦想对你来说有多重要。

1＝完全并不重要；10＝必须现在就采取行动！

1→2→3→4→5→6→7→8→9→10

很显然，我们要的是 10 分。任何低于 7 分的东西都应该暂停。如果低于 5 分，请立刻停止。回到你的头脑风暴清单上，找到一些你现在必须要开始做的事情。

B. 难度。看一看你的梦想，问问自己，历史上有没有人已经实现了这个梦想？很有可能是有的。我们绝大部分的梦想是有人实现过的。即使不完全一模一样，也是十分近似的。例如，无债生活、赢得格莱美奖、经营一家赚钱的企业、学会倒立、以艺术谋生、享受充满爱的长期婚姻、原谅虐待/殴打/谋杀实施者、开餐馆、治疗某种疾病、组建一个可持续的非营利性组织、改变法律以促进平等、在月球上行走、在贫困国家建立学校、在车库里开发出颠覆性的技术——这些都是人类曾经做到的事情，而且起点都是至少一个人有了想法。如果他们做到了，你也能做到。

现在，请问你自己，用1到10来打分，1分是"很多人都做过"，10分是"地球上没有人做过这样的事情，而且它很可能会很难"，你的梦想属于哪个范畴？

1→2→3→4→5→6→7→8→9→10

如果几百、几千、几万甚至几百万人做了你想做的事情或者类似的事情，你就不要另起炉灶，也不要在角落里哭着说这有多难。

任何有价值的事情都是很难做的，非常非常难。拥抱这个事实，尊重它。你要为这样的事情拼命努力工作。找到一种方法，从做艰苦的、有意义的事情中获得快乐，无论这看似有多反常，而且这可以磨炼毅力和品格。另外，粉碎一个"不可能"的梦想是会让人上瘾的。

明确一个梦想属于较低难度等级的，可以帮助你通过向别人学习来节省时间，还可以帮你减少不必要的崩溃。明确一个梦想属于较高难度等级的，可以帮助你在精神和感情上为今后更艰难、更有活力的旅程做好准备。在任何情况下，多了解自己所选择的难度等级（以及前人的表现），可以让你保护自己不至于在未来的挫折中遇到不可避免的雷区。

C. 过去的尝试。 你是否以前尝试过这个梦想，但没有成功？如果是，是哪里出了问题？不要自暴自弃，尽可能客观地看待问题。无论你发现什么，都要把它当作积极的消息。如果你自己是问题所在，那意味着你也是解决方案。准确地写下哪些事情没有成功，以及你会用哪些不同的方法来提前解决这些问题。片刻的自我反省可以避免重复令过去的努力受挫的、代价高昂的错误。

第三步：选择一个梦想

追两只兔子的人终将一无所获。

现在，是时候做出选择了。只选一个重要的梦想。不是七个，不是三个，只选一个。

这个梦想将作为你掌握"所有问题都是可以解决的"这一信念的训练场。你必须培养你的专注力和集中精力的能力。在这样做的过程中,你将培养出一系列精神力量、情感修养和行为习惯,从而实现未来所有目标。请从你的脑海中抹去你可以同时实现几个重要梦想的观念。试图在这个阶段进行多任务处理是导向挫折和失败的道路,就像在零训练的情况下连续跑三次超级马拉松。

重要的梦想会伴随着重大的挑战。如果这个梦想很重要,那么前方的路就不会充满彩虹和独角兽。你必须培养坚韧的心态,提升自己的能力,让自己能够在旅途中度过情绪的波动,比如恐慌、沮丧、不舒服、不安全感和不耐烦。你现在必须选择一个最主要的梦想,去用你所有的能力来征服它。

然而,不要误会我的意思,你还是应该继续尽可能多地锻炼自己解决问题的能力。日常生活提供了无穷无尽的练习机会,从修马桶到解决工作中的突发状况,再到在堵车时保持冷静,你要说"所有问题都是可以解决的",并迎头面对。

第四步：让它具体化、可衡量、可操作

出人头地的秘诀就是开始去做。开始去做的秘诀就是把你手头上复杂庞大的任务分解成可管理的小任务，然后从第一个任务开始做。

— 马克·吐温

马克·吐温是否真的说过这些话值得商榷。然而，这些话就是真理。每一个梦想都必须被分解和明确，然后才能开始实现。在这一步，你必须把你的梦想转化为具体、可衡量、可操作的东西。比如：

"保持身材"变成"30天内每天做20个俯卧撑"。或者，如果你想养成坚持锻炼的习惯，可以将"保持身材"变成"每周有5天锻炼30分钟，在接下来的30天里无论如何都要坚持"。

"找一份新工作"可以变成"报名参加摄影培训班，并在周日之前至少找3个当地的摄影师聊一聊"。

"赚更多的钱"可以变成"通过在未来18个月内还清信用卡债务，增加我的净资产"。

"修复我的婚姻"可以变成"在6周内至少咨询3位婚姻咨询师，并阅读亲密关系类图书"。

"戒酒"可以变成"今天去参加AA会议"。

"做一个伟大的作家"可以变成"每天写作30分钟,圣诞节前完成书的初稿"。

以你或其他人可以衡量的方式陈述你的梦想。这会迫使你把你的梦想分解成更具体的目标,并明确无误地付诸行动。这里的重点并不是要把每一个步骤都定下。相反,一次只迈出简单、清晰的一小步。这将有助于你培养一系列的心智、情感和行为准则,之后的章节将介绍这些准则。

第五步:确定下一步的三个步骤,现在就开始行动

最难的是决定行动,其余的只需要坚韧不拔的意志。

— 阿梅莉亚·埃尔哈特

你可以采取哪三个简单的行动来接近最终的目标,实现你的梦想?你可以在10分钟或更短的时间内做什么?其中的第一个行动可以现在就做吗?专注于积极的小步骤,比如打一个电话、约个时间、发一封邮件、做一个俯卧撑或报名上课。虽然我很支持做研究,但它往

往是让你拖延和停留在舒适区的一种方法。如果你必须要研究一些东西，如何才能让研究更加接近真实体验？与其看文章，不如找一个做过你想做的事情的人并与之交流。与其看网上的教程，不如报名参加线下的课程。有些时候，条件有限，但你要训练自己走出舒适区。让自己置身于感到恐惧和威胁的环境中，是"所有问题都是可以解决的"这一人生信念的魔力所在！

在下一章中你会发现，你必须克服自己说"等一下，我还没准备好"的倾向。

不管怎么样，今天就迈出第一步。我说的就是现在。在这一页上做个记号，然后去做你的第一步，接着把第二步和第三步也加入你的日程表里。

我等着你。

因为俗话说得好，"'总有一天'并不在某个星期中"。

一句忠告：只专注于你能控制的事情

你可以控制两件事：你的职业道德和你对任何事情的态度。

— 阿里·克里格

这个简单的想法对你的成功至关重要。

始终把注意力、精力和努力的大部分用在你能控制的事情上，而不是你不能控制的事情上。你永远可以控制的东西包括你的语言、行动、行为、态度、视角、专注度、努力和精力。你也可以控制自己对事件和环境的反应，无论你对它们的态度如何。你永远无法控制的东西包括别人的语言、行动、行为、态度、视角、专注度、努力和精力。你也无法控制天气和支配我们生存的自然法则（如万有引力）。

假设你的梦想是获得一份新工作。虽然你无法让别人雇用你（这不在你的控制范围之内），但决定你成功的最关键的因素百分之百在你的控制范围之内。这里仅列举其中的几个因素：

- 你申请职位的频率和数量。
- 尽可能让你的简历具有竞争力。
- 获得推荐人和推荐信。
- 你对公司、团队、岗位的调研和准备的深度。
- 你到场的表现，包括守时、精力、态度和沟通技巧。
- 你是否有效地展示出你将为公司带来的价值。
- 感谢信、及时沟通、适当跟进。
- 你是否要求反馈以学习和改进。
- 你在一次次的挑战和拒绝中是变好还是变苦闷。

- 你是否考虑远程工作或搬到新的地方。
- 坚持不懈，不断成长，直到找到一份新工作。

在某些时候，所有的梦想都需要你与他人合作、获得他人认可，或者最起码要与他人和谐互动。培养社交智慧是一个终身的目标，它包括可学习的很多方面，如说服艺术、影响力、营销——即使你认为自己不需要这些技能。但是，你确实需要这些。每个方面都是很有料、很有深度的研究领域，有大量的文献、书籍等着你去阅读。虽然你无法改变或控制他人，但你可以从道德和技巧上学习，以一种能增加你获得成功机会的方式进行沟通。

从这一刻起，无论你在琢磨什么，都要专注于你能控制的，而不是你不能控制的。作为加分项，看看你的梦想，写下你对以下问题的回答：

在这个过程中，哪些部分是我可以控制的？

我需要培养和掌握哪些技能？

你的回答将为下一步的行动提供无尽的灵感。

定义你梦想时的常见问题

问：如果我今年有很多目标、梦想、事情想完成怎么办？

答：那太好了，把它们都写下来吧。要想从本书中获得最大收益，并掌握"所有问题都是可以解决的"生活哲学，关键就在于你要专注于一个主要目标。选择最迫切、最鼓舞你、最重要的那一个，也就是你最迷恋的那一个，使你最痛苦、最恐惧或最兴奋的那一个。我的目的是让你获得实在的结果。要做到这一点，你必须养成对专注以及行动的偏执。你必须将这些习惯、观点和心智模型内化，才能让自己到达"实现"的终点线。请选择一个重要的目标，再把那些浪费时间的东西消灭掉。

问：我的梦想不是拯救北极熊，也不是治疗乳腺癌，可以吗？我想要的是赚到一大笔钱，然后再也不工作了。

答：财务自由是一个光荣的目标。这一点在我的清单上，也是我想解决的事情。我很庆幸我做到了。话虽如此，但真正有意义的生活来自我们所做的贡献。我所认识的那些创造了真正财富（不是继承而来）的人，他们的生活都是以为别人做贡献为中心。在我所认识富有的、受人尊敬的人中，没有一个是把时间花在在沙滩上喝玛格丽特酒或在夜店里玩撒钱游戏的。他们有动力，积极主动，不断挑战自己，不断地学习更多，工作更多，奉献更多，成就更多。他们通过工作、业务、友谊、创意表达和慈善事业，产生并与世界分享巨大的善意。所以，你可以通过各种手段，获得那枚硬币。只要明白，当你把生活中的一切都看成你能付出的，而不是你能得到的时，你就会变得超级富有。

最后你要注意的是，永远永远不要忘记，每个人都在奋斗。对，是每个人。我的职业生涯为我提供了一个前排座位，让我看到了这个星球上一些最有创造力、最有成就的人。无论财富、名气或被认为拥有的权力如何，每个人都在自己的世界里为自己而战。我们每个人都有自己的脆弱点和不安全感。金钱是很好，但不能解决所有问题。人类需要有意义的事情来让自己为之努力。我们需要强大的、有爱的关系，需要一个让我们早上起床的恰当理由，需要联系和贡献。否则，我们就会产生破坏性。不相信我？读一读彩票中奖者噩梦般的生活和自杀行为，看一看有多少退休的人在停止工作后不久就死了，或者是了无生趣、郁郁寡欢，然后重新进入职场。

问：如果我的梦想不大、不宏伟，也不是长期的怎么办？如果它是相当小的，可以吗？

答：大小是主观的。对一个人来说史诗般的梦想，对另一个人来说可能是儿戏。我们每个人都有不同的技能和对人生成就的不同渴望。有很多人认为，大的梦想不一定是更好的梦想。

首先，太大的梦想会让人畏缩不前，适得其反，尤其是当我们的自信心受到打击的时候，或者当我们被身体、心理或情感上非同寻常的痛苦压得喘不过气来的时候。从微小梦想中获得的胜利，比如下床、每天散步，甚至给朋友打电话，都可以产生生死的差异。这可一点儿都不小。

我们人类因进步而茁壮成长。我总是把大的目标分解成可立即实现的项目。现在，你只专注于完成阅读完这一章，而不是整本书。把小的胜利堆积起来，所有的大事情都是这样完成的。从小事做起，并不意味着要把事情想得很小。

还有一点是很少，甚至几乎没有被人考虑到的：人为地强迫自己投入一个大的长期目标会适得其反。也许，在未来三年、五年或十年内，你注定要做的事或成为的模样根本不存在！因此，试图设想一个巨大的目标，然后把自己锁定在抵达最大目标的那条路上，可能是你能做的最糟糕的事情。这样的尝试只会带来眼泪和挫败感，让你觉得自己是个没有远见的失败者。与其把自己塞进一个长期的梦想中，不如换个角度，思考短期的问题。

把注意力高度集中在一个重要的、适度的梦想上,这个梦想就在你眼前。无论是掌握修图新技术、打扫车库、找第二份兼职工作、重返健身房、写第一篇短篇小说,还是其他任何事情,完成你现在生活中的紧迫任务,会帮助你培养专注力、纪律性和信心。很多时候,征服眼前的小目标可以为接下来的大任务提供动力和信心。

最后,不要低估了尊重独属于你梦想的力量。你拥有着不可替代的天赋,在不可复制的化学反应中诞生,你梦想的大小和范围也注定有所不同,没有一刀切的说法。如果报名参加社区大学的观鸟班是你的梦想,那就去做吧。如果有什么东西能让你的心燃烧起来,让你活过来,那它就是你应该关注的。此时此刻,你的灵魂在呼唤你,指导你生命的展开。倾听它的声音,跟随你奇特的倾向,无论它看起来多么晦涩或微不足道。

问:如果我的梦想大到让我吃惊,怎么办?如果我一想到梦想之大就僵住了,怎么办?

答:如果解决世界饥饿问题或结束性别不平等是你的梦想之一,我赞扬你。你是我写这本书的主要原因之一。我们需要大家都行动起来,也需要多样化的技能、人才和观点,以实现这些巨大的变化。乍一看,这些巨程碑式的梦想似乎遥不可及。但是，如果我们从我们所处的位置和我们所拥有的东西出发，这些梦想实际上比你想象的更有可能实现。所有伟大的历史性变革都是这样产生的。我们还必须接受，彻底的文化变革是分阶段进行的。我们可能无法在有生之年跨越最终的终点，但这并不意味着我们不会取得巨大的进步，不会在沿途积极地影响到无数人的生活。例如，女权主义思想家先锋玛丽·沃斯通克拉夫特在1792年就写下了《为女权辩护》，然而，直到1920年，也就是128年后，一些美国妇女才赢得了选举权。1965年，投票权法案才完全赋予了美国黑人投票权。快进到1970年，看看当时美国的一些法律规定吧。

- 大多数州的雇主可以合法地解雇怀孕的妇女。
- 银行可以要求妇女申请贷款时必须有丈夫的签名。
- 在12个州，丈夫不会因为强暴妻子而被起诉。

难以置信，对吧？现在已经是21世纪了，虽然我们还在为男女同工同酬而战，但这并不意味着沃斯通克拉夫特的工作没有成效。沃斯通克拉夫特在有生之年并没有"解决"性别平等问题，但她的工作是男女平等这一拼图中至关重要的一片。她为后来的几代妇女铺平了道路。

对于一些极为困难的集体问题而言，想出解决方案

5 定义你的梦想

是长期赛跑的问题。如果你心中有一个探索月球的目标，那就从你所在的地方开始。正如马丁·路德·金教导我们的那样，在信仰上迈出第一步。你不一定要看到整个楼梯，只要迈出第一步就可以了。

你不一定非得在明天就能拯救世界，今天就从改变一个人开始吧。然后，再去改变另一个人，不断地重复这一过程。本书中的一切都适用于你。别再等了，现在就开始吧。

问：如果看起来没有什么东西是那么鼓舞人心、令人兴奋或至关重要的，怎么办？如果我就是不知道自己想要什么，怎么办？

答：如果你是梦想贫血者（有些人就是这样），下面的练习可以帮助你弄清楚你真正想要的是什么，也让你会明白"为什么你一直没有得到它"。这会是个令你备受启发的高强度练习。你需要做整整七天的书面练习，每天耗时10~15分钟。我强烈建议你用手写的方式完成这项练习。

写"我真正想要的是……"，不断地写，直到写满整页纸。按需可以重复使用"我真正想要的是……"，然后继续写。不要编辑或审查自己的想法，不要担心拼写或语法问题。一旦你写满了一整页，你今天就完事儿了。当天不要重读。

在接下来的六天里，每天都在一张新纸上重复这样做。在第七天的时候，看一遍你写的所有东西，并圈出重复最多的地方。接下来，在一张新的纸上，在最上面写上"所有问题都是可以解决的"。然后，找到重复最多的一项，完成下面的练习。

我真的很想＿＿＿＿＿（把你重复最多的项目填入空白处），因为＿＿＿＿＿（填写为什么这对你很重要）。

当我实现了它，我就会觉得＿＿＿＿＿（描述你会感受到的情绪）。

我相信我之前一直没能实现它的原因是＿＿＿＿＿。

说实话，就实现它而言，我一直不愿意做的事情是＿＿＿＿＿。

现在，我愿意为实现它而做的事情是＿＿＿＿＿。

一旦你完成了上述练习，就在这页纸的最后面，写下：

看，[写下你的名字]，所有问题都是可以解决的。

用一颗坦诚、开放的心来完成这个练习。你不仅会知道自己真正想要的是什么，也会知道如何开始去实现它。

> 呼!你做到了。
>
> 如果你已经全力以赴地完成了这些练习（或者正在做的过程中），那么，你很棒!你已经在掌握"所有问题都是可以解决的"这一生活哲学的道路上了。
>
> 但是，如果你只是想了想你的答案，或者半信半疑，请立刻停止。
>
> 翻回去。
>
> 好好做练习。
>
> 拿起一张纸开始写，现在就开始写。
>
> （另外，你还需要一个清晰的梦想，这是为了做好接下来的事情——用一个简单而有效的策略来快速跟踪你的结果。）

"所有问题都是可以解决的"实地记录

这对夫妇没有安于现状，而是想出了如何在伦敦和新西兰两个地方生活。

我们是保罗和金姆，一对来自新西兰却住在世界另一边——伦敦的夫妇。我们在新家有爱地生活了七年后，深刻地意识到我们的生活远离家人，尤其是年迈体衰的父母以及朋友、兄弟姐妹、侄子、侄女、干儿子。

我们以为我们只有两个选择：

1. 放弃我们在伦敦的生活、事业、公寓和社区，永久搬回新西兰。（不！）

2. 用我们所有的度假津贴和积蓄，每年回新西兰探亲。（但是，如果你不能用假期去欧洲旅游，那你在伦敦生活有什么意义呢？当你需要真正的、有质量的时间和家人在一起的时候，每年一次真的就够了吗？）

我们面临的挑战是：如何创造一种地点自由的生活（和工作），可以让我们在新西兰度过更多的时间，同时又不牺牲我们在伦敦建立的一切？

我们尝试了第二个选择，把所有的度假津贴和积蓄都用在了一个月的探亲上。这样压力很大，也有点儿摧残灵魂的感觉。在一次城市间的汽车旅行中，我们对自己的生活进行了一次长长的、深沉的、情绪化的交谈。我们不想永远搬回新西兰，但在伦敦生活、工作也不是长久之计。

这时，我们灵光一闪！如果我们自己创业呢？我们可以把我们的技能结合起来，在任何地方都可以工作，而且还可以花更多的时间在一起！

§ 定义你的梦想

在开车去奥克兰南部的高速公路上，我们用手机注册了 B-School！我们尝试着做了两笔生意，每人各做了一笔。之后我们发现，仅仅卖出自己喜欢的产品还不够成功，还得让别人也爱上它们。

我们当年行动的座右铭是"所有问题都是可以解决的"。每当我们感到失落或被打败的时候，都会对对方说这句话，让对方振作起来，继续走下去。最终，我们发现有两个独立的项目分散了我们的精力。我们需要联合起来。

但是，结婚 17 年是一回事儿，成功地做同事是另一回事儿。所以，我们做了我们一直在逃避的事情——市场调查。在做市场调查的时候，我们意识到，其实我们很擅长做这件事，它将我们的技能完美地结合在一起。

于是，我们的业务就这样诞生了：帮助创业者做客户调查。一年后，我们有了一个可以自由选择办公地点的小企业。我们在阳光明媚的新西兰写下这篇文章，在那里，我们与家人和朋友一起度过了三个月的时间，同时与四个国家的客户进行了远程协作。

这简直是梦想成真！我们不仅可以在不放弃伦敦生活的情况下与家人一起度过高质量的时光，而且还实现了其他的梦想——我们心中一直有，但没有办法实现的梦想。

额外梦想1：我们将在加利福尼亚州待一个月后回到英国。我们一直对加利福尼亚州很着迷——阳光、海滩、硅谷、瑜伽和绿色果汁文化。现在，我们可以去看看了！

额外梦想2：刚搬到伦敦的时候，我们的梦想之一就是在欧洲国家生活，学习另一种语言，但我们不知道该怎么做。现在这个梦想即将实现！在加利福尼亚州待过之后，我们将在西班牙生活、工作和学习两个月！

所有问题都是可解决的，这句话以积极的方式彻底颠覆了我们的生活。我们希望有更多的人听到这句话，并鼓励他们去实现自己最大的梦想——即使是像我们这样曾经放弃了的梦想。

– 保罗和金姆 –

6

在准备好之前就开始

"你准备好了吗？"克劳斯最后问道。

"不"，桑妮回答说。

"我也没有，"奥薇特说，"但如果等到准备好了才开始，那我们下半辈子估计都在等待。"

—《破烂的电梯》，雷蒙尼·斯尼科特著—

我站在时代广场，抬头望着维亚康姆集团的大厦，游客和匆匆忙忙的商务人士从四面八方撞到我。我的手掌出了汗。我感到头晕目眩，恶心极了。我盯着百老汇和四十五号街交汇处的金属垃圾桶看了看。我是该现在吐，还是等进去后再吐？我觉得自己像个十足的骗子，完全没有准备好去做接下来要做的事。

让我解释一下。

还记得我在百老汇舞蹈中心第一次上正规舞蹈课时是如何啜泣的吗？我不敢相信我浪费了这么多年的时间去思考舞蹈而不是

真正地去跳舞。你应该知道,我几乎没有上完那节课。然而,即使我很难跟上舞蹈动作,也没有和音乐或舞蹈风格产生共鸣,那堂课还是改变了我的生活。它释放了我内心的舞蹈魔力。提醒你一下,当时我还住在我朋友公寓里,深陷债务的泥淖,勉强维生。在百老汇舞蹈中心连续上课似乎是不可能的(每节课20美元的费用积攒起来可不是一笔小钱),我必须找到一种方法来坚持下去。幸运的是,我有了 Crunch Fitness 健身房的会员资格。Crunch Fitness 以其创新的团体健身课程而闻名,并拥有强大的舞蹈教师队伍。

嘻哈文化是我的真爱。我听着嘻哈音乐长大,它让我充满活力。除了当人生教练和调酒师,我开始去参加我能找到的所有舞蹈健身班。我去了市区、市中心,还有郊区。我以前从未学过编舞,于是一头扎进了这个挑战。我虽然学得很慢,但还是坚持了下来。我用努力来弥补自己在技术和经验上的不足。这种情况持续了几个月,直到我成了 Crunch Fitness 健身课程真正意义上的忠实拥护者。我成了一名"前排黑手党"——这是大家给那些早早来到教室,占据教室最前面的位置,然后全力以赴的人的昵称。我们会讨论甩头发和摆臭脸。有一天,意想不到的事情发生了。下课后,当我还在滴着汗水,想喘口气平复呼吸的时候,舞蹈老师走过来对我说:"你是个好舞者,很有活力,有没有考虑过当老师?"

我自然难以置信地回头看了看其他人。"什么?我吗?教跳舞？"我的脑子里一片混乱。我在想，她是不是吃错药了？我就是个小白啊。

她继续说："我们最近有试讲，你应该去试试。"

我虽然惊呆了，心存疑虑，但也很好奇。我的自尊心已经在马桶里待了很久，以至于在听到有人说我在某些方面还算不错时，就很受鼓舞。

在未来正确地跌倒：十年测试

> 生活中，你会经历两种痛苦：一种是遵守纪律的痛苦，一种是后悔的痛苦。纪律造成的痛苦是以盎司[①]为单位，而后悔的痛苦是以吨为单位。
>
> —吉米·罗恩—

回到朋友公寓里，我坐在气垫床上紧张地想着要不要去试讲。我很纠结。无疑，我很喜欢我所学的东西，在课堂上也感觉很有活力。但是，在我迫切需要发展我的教练业务，赚更多的钱，以及找一个稳定的地方生活的时候，把时间和精力投入在一个新事物上，是一种对自己负责的行为吗？当时是我在事业上接连失败

[①] 1盎司约等于28克。——编者注

的第四个年头。我和家人疏远了,也快耗尽朋友对我的好意。我感到了一种难以置信的压力。我要振作起来,做一个成年人。我被恐惧笼罩着,害怕追求舞蹈会让我更加落后,甚至危及我的未来。这时,我想到问自己一个简单而又有启发性的问题:

十年后,我是否会后悔没做这个?

换句话说,35岁时,我回过头来看看25岁的自己,是否会后悔当初没有把握住这个机会,去更认真地追求舞蹈和健身?

当——然——会。

我立刻就知道,35岁的玛丽肯定会给25岁的玛丽一巴掌,很重的一巴掌。

如果你不熟悉"未来绊脚石"这个词,我解释下,它是指人类的一个常见倾向——担心未来,以致无法充分地活在当下。但当"未来绊脚石"具有战略性时,因担心未来而感到的压力会成为自我改变的强大催化剂。一旦意识到35岁的玛丽会后悔25岁时没有去尝试教舞蹈,我就来劲了,马上把注意力转移到如何为试讲做准备上。我向许多舞蹈老师请教,尽可能多地征求意见。我费尽心思,想出了一个简单的舞步,找来了大鼓点的音乐,一遍又一遍地练习我的提示语。

试讲的日子到了。我微笑得夸张,看得出很紧张。但不知怎的，我还是顺利地完成了我的展示。虽然我得到了一长串改进建议，但我也正式被列入了授课老师的名单。接下来，我开始跟随我最喜欢的老师学习舞蹈和一般的健身课。我总是带着一个黄色的横线簿。每当注意到老师说了什么或做了什么有启发的事情，我就会蹲下身子，在上面潦草地记上笔记，然后站起来继续做动作。我的目标是吸收一切关于如何带好班级的知识。我越是沉浸在舞蹈和健身的世界里，就越是感到舒服自在。这种微小但有意义的进步也开始影响到我人生教练的工作。我开始更清楚、更简洁地去沟通。我的能量和热情也开始增加。然后，有一天，仿佛平白无故地，我从"职业之神"那里收到了一份珍贵的心灵小礼物。这份礼物是由两个词组成的简单短语。但在分享之前，我先说说一些背景……

来自"不受欢迎玩具岛"的灵感

> 平凡并不是应该向往的东西，而是一种需要逃避的东西。
> —— 朱迪·福斯特 ——

我最喜欢看定格动画版的圣诞特辑动画片。我最喜欢的一部是1964年的经典作品《红鼻子驯鹿鲁道夫》。如果你不熟悉这个故事的话，我来告诉你。鲁道夫被驯鹿社区排斥，因为它不合群。它那又大又红又亮的鼻子让它成为"超级怪物"。它受了伤,受了羞辱,跑进了森林,在那里遇到了离家出走的小精灵赫米。另一边,被笑话得羞愧难当的赫米逃离了圣诞老人的工场,因为它对制作玩具毫无兴趣。赫米还有一些其他的愿望,很不寻常的愿望,以至于它说出这些愿望时,被人笑出了北极。它的终极梦想是:成为一名牙医。鲁道夫和赫米决定一起做不受欢迎者,最终来到了"不受欢迎玩具岛"——世界上所有不受欢迎、没人要的玩具居住的地方。在这里,它们遇到了一列有着方形轮子的迷人火车,还有一个骑着鸵鸟的牛仔。还有,我最喜欢的,一个会哭的玩偶匣子[①],因为它叫查理。哪个孩子会要一个叫查理的玩偶匣子?

我认为自己是"不受欢迎玩具岛"的荣誉居民。像鲁道夫和赫米一样,我总觉得自己与人群格格不入。我的选择似乎经常与我的想法背道而驰。这就是为什么我要分享的东西——我从"职场之神"那里得到的惊喜礼物——如此有益。当我第一次在脑海中听到这两个词的时候,就好像是别人在我耳边悄悄告诉我的一样。它像是透露给我了一条秘密线索,在我不合群的道路上指引着我。

---

① 英文中玩偶匣子叫作"Jack-in-the-box",而不叫作"Charlie-in-the-box"。

怀有多种热爱的
创业者

玛丽，你是一个怀有多种热爱的创业者，现在别再抱怨我从不给你暗示了。

"怀有多种热爱的创业者"这个小小的自创短语，在当时对我的人生造成了巨大的影响。从那一刻起，当人们问我是做什么工作的时候，我会说我是一个"怀有多种热爱的创业者"。我并没有因为没有一个好的、社会认可的答案而感到羞愧，而是开始有了一丝丝的底气。每当我说出"怀有多种热爱的创业者"时，人们就会好奇地问这是什么意思，然后我就会分享我做的所有事情——人生教练、摄影师的私人助理、调酒师，以及我正在开始从事的舞蹈和健身工作。这句话给了我一个新的语境，在这个过程中，我开始以新的眼光看待自己。不出所料，这也带来了新的机会。

我们的文化沉浸在对职业、事业和生计的陈旧理解中，其中相当一部分是工业时代的遗留物，来自对专业化的推动。早在成年之前，你就被期望选择一种（高薪）工作，在这件事情上负巨额债务以接受教育，并在接下来的40多年里坚持这个选择，祈祷自己能赚到足够的钱，以便退休养老，并在死前不破产。这种想法不仅相当过时，而且在很多方面都很危险——我们中的很多人根本不适合这种狭隘、长期的专注。

当然，有些人本能且快乐地把自己的一生都投入某个领域。他们头脑清晰、热情高涨，有时甚至像个孩子一样。"我一定要成为一个 _____（作家、建筑师、音乐家、神经科学家、销售主管、数学家、工程师、发明家、律师、演员等）。"我们喜欢这些人，你可能是其中之一。

但，我们有些人天生与此不同，是"怀有多种热爱的创业者"。我们把往往看似不同的学科联系起来，跨越多年甚至几十年，最终（通常是在回顾时）将无数的技能、经验和想法编织成一个多层次、多方位、独一无二的职业织锦。

可以肯定的一点是，人生事业规划没有固定的蓝图。我们每个人都在进行一场完全个性化的冒险。你必须要有智慧，对来自内心的信号保持信心，并有勇气走自己的路。

"怀有多种热爱的创业者"这个由两个简单的词组成的短语，帮助我终于不再试图把自己放进传统的职业框架中，给了我情感上的自由，让我可以展开我不合群的翅膀飞翔。

识别阻碍你的小谎言

加倍努力可以克服信心不足。

— 索尼娅·索托马约尔 —

切回我在维亚康姆大厦外想往公共垃圾桶里吐的那一刻。就在两周前,我开始在 Crunch Fitness 健身房教授我自己的舞蹈课程。幸运的是,一位 MTV(全球音乐电台)的制作人是我早期课程的学生。拉伸运动结束后,她走到我面前并做自我介绍:"嘿,我喜欢你选的音乐和高涨的能量!我正在做一个节目,我们有一个编舞师/制作人的空缺。你应该来见见我的老板,我觉得你很适合这个职位。"

请记住,当时我在舞蹈界还极其青涩。毕竟,我刚刚开始教我自己的课程,而且是在健身房,不是在专业的舞蹈工作室。从刚去百老汇舞蹈中心的初级现代爵士舞培训班算起,到她邀请我时只过去了短短几个月。就在这种时候,我收到了 MTV 的面试邀请。我心中的想法是:

哦,不!我还没准备好!不是吧,老天!难道这个机会就不能晚一点出现吗——等我弄清楚我到底在做什么?当我更有经验的时候?更有信心的时候?更……你知道的……有准备的时候?

但是,我一次又一次地了解到了这样的事实:

> 你永远不会觉得自己已经准备好做你该做的重要事情。

即使再慌乱，我也无法证明拒绝是正确的选择。我是看MTV长大的！它是一个史诗级的品牌。另外，我需要赚更多的钱。我至少得试一试。所以我答应了，安排了一个面试，然后像个晕头转向的家伙一样出现在维亚康姆大楼外。深吸了几口气后，我走了进去，过了安检，踏上了电梯。在上24层的过程中，我厘清了头绪，决心要全力以赴。这是个千载难逢的机会。我不再年轻了，我知道如果这时让恐惧阻碍了我，我会后悔的。

这段经历可以帮助我获得另一件我迫切想要的东西——一种能让我的学习速度成倍加快的方法。沉浸在MTV的环境中，我作为一个舞者、编舞师和领导者的成长速度会比我自己瞎摸索、努力拼凑答案的速度快10到20倍。我来到24层，沿着走廊走到老板的办公室。我甩了甩手，晃了晃肩膀，揉了揉脖子，然后敲开了她的门。长话短说，我接下了那份工作。

说实话，得到这份工作更可怕，因为我突然间要带领、管理和创造性地支持那些比我更有经验的舞者。我的天真有时是显而易见的。在谈话中，我不知道的舞蹈术语被抛来抛去，更不用说表演了。我经常觉得自己像个无知的白痴。

然而，在还没有"准备好"的情况下就接下这份工作的决定，是我职业生涯中一连串令人难以置信的项目的启动点，而这些项目组成了我职业生涯中非常令我满意的一部分。因为这个选择，我后来出演并主导了许多舞蹈健身视频，编排过广告舞蹈，成为耐克精英舞蹈运动员，并环游了世界。

可以毫不夸张地说，在我还没有"准备好"的时候就接下这份工作，深刻地影响了我的事业和人生的整个历程。我建立的人脉、加强的镜头感，以及从中获得的制作经验，这些收获是巨大的。我还维持了我作为人生教练结识的客户，也继续着调酒的工作，这意味着我学会了如何像老板一样管理自己的时间。更重要的是，我继续用这种未雨绸缪的策略来加快我的学习和成长。那段日子，我都是奔着那些让我不舒服的事情去，在准备好之前就开始着手去做，每一次都能产生有价值的结果。

在 MarieTV 上，我采访了一些世界上最有创造力和成就的人。你猜怎么着？几乎所有人都分享了他们在感觉准备好之前就开始行动的故事。我敢打赌，你在自己的生活中也能找到相应的证据。你的一些最有价值的成长经历，难道不就是因为你绕过了"我还没准备好"这个无孔不入的小谎言，不顾恐惧、犹豫和不确定的情绪而前进吗？我的直觉告诉我，回答是肯定的，因为一个永恒的真理——

所有的进步都从一个勇敢的决定开始。

个人的进步、职业的进步、集体的进步、社会的进步，所有这些都是由一个人的行动决定带来的。要站起来，要敢说敢做，要做出行动，通常远在没有任何成功保证之前。我们大多数人没有看到的另一点是：行动先于行动的勇气。行动会产生勇气，而不是勇气产生行动。行动也会产生动力，与其等待灵感来袭，不如行动起来，敦促自己继续前进。

想一想健身的问题。你并不会时时刻刻都有动力。事实上，你可能非常强烈地不想去健身。听听你脑海中的声音，你会听到"我不想去健身"这样的声音——"我很累了""我不想练""我明天再开始"。然而，当你系上运动鞋带，坚持开始运动的那一刻，奇怪的事情发生了，另一种更强大的力量占据了你。几分钟内，你感觉到更有活力和能量。连续锻炼几天后，多米诺骨牌效应就产生了。不费吹灰之力，你就开始渴望吃更健康的食物、喝更多的水，甚至会渴望下一次的锻炼。这种现象几乎可以在任何创造性的工作中发生。运动中的身体往往会一直处于运动中，你做着做着就会产生继续做下去的欲望。

这就是为什么"在准备好之前就开始行动"的这种做法，是"所有问题都是可以解决的"这一人生信念的重要组成部分。在准备好之前就开始行动，会磨灭你的惰性，让你产生源源不断的动力。这一理念适用于我们想解决的任何事情。动力是秘密的灵丹妙药，而获得这种动力的唯一方法就是：你必须拒绝听从你脑海中"我还没准备好"的声音。

知道你为什么要拒绝吗？因为那声音就是胡说八道。它是一个懒惰、抱怨、唠叨、吸食生命的小寄生虫。那个不断地告诉你，你有多没有准备好，你有多不想要做这个或那个，你有多无能，你有多不够好的声音，既不代表你，也不代表真实。它唯一的力量就是你给予它的关注和权威。保持警觉，因为那个声音很狡猾。它会不择手段地用逻辑、理性的谎言把你困在停滞不前的笼子里。

> 现在时机不对。
> 我需要等到 _____ 发生的时候再开始。
> 我如果现在开始行动，就会犯太多的错误。
> 我还没有这方面的知识。
> 我还没有安排好我的全部计划。
> 我不能冒着 _____ 的风险，直到我知道 _____ 会成功。

那个声音只会用一招，一直重复说你有多无能。别被蛊惑了！你越快地训练自己学会不听从那个声音，就可以越快地加强你的能力，让自己能弄懂、解决任何事情。

"在准备好之前就开始行动"的附加细则

"在准备好之前就开始行动"意味着停止思考,立刻开始行动。忙起来,做任何事情都可以——发出邮件、报名听课、拿起电话、安排会议时间、进行对话。

这就是为什么我在第 5 章中执着地要求你把你的梦想变得可操作、可衡量、具体化。"多旅行"的梦想,并不像"今年夏天去哥斯达黎加参加冲浪夏令营"那么容易开始。当你的梦想被拆解成一项又一项更具体的事,你的下一步就会变得相当明显。

未雨绸缪,先下手为强。以下几点可以帮助你掌握"在准备好之前就开始行动"的艺术。

1. 谨防伪装成"研究"和"计划"的拖延症

"在准备好之前就开始行动"并不意味着你应该无知或草率。根据你梦想的性质和你已知的信息,你可能需要进行一些初步的研究和计划。例如,为了在未来 12 个月内实现你能用西班牙语交流的终极梦想,你可能需要看看沉浸式语言课程、查找私人教师、下载一个语言应用程序。这些都是可以的。

但要注意的是,广泛的研究和计划往往是一种拖延的方式。你可以花几个星期、几个月,甚至几年的时间来"准备",却没有任何实际的、有形的进展。研究，特别是网上的研究，可能尤其危险。我也曾让自己陷入花很多个小时、很多天去研究的"兔子洞"里，而且次数多得数不清了。

记住，你不需要知道自己梦想的一切，不需要提前规划好每一步。不要再躲在书本和网站后面，相反，要养成行动的习惯——安排会面、进行实际对话。你会学到更多，进步更快。请在准备好之前就开始行动吧！在你准备好之前，你已经"准备好"了。

如果你不得不研究，那就专注于研究任务。互联网是一个令人分心的雷区，它可以吞噬你最宝贵的资源：时间和精力。你的目标应该始终是获取足够的信息，以便积极地迈出下一步，仅此而已。不要依赖意志力，热门链接、广告、通知和邮件的诱惑太大。相反，给自己一个明确的研究目标（你要学习/发现/确认/行动的一件事），并设定一个时间窗口。然后设定一个计时器，在一定时间内获取你需要的信息，并立即采取行动。

2. 身体力行

想办法把你的时间、金钱和/或自尊心当作筹码，实打实地去经受考验。创造一个游戏，在这个游戏中，如果你不继续前进，就会产生现实世界中的痛苦后果。认知心理学和决策理论表明，我们人类有一种叫作损失厌恶的东西。这意味着我们更喜欢避免损失，而不是获得收益。假设有 20 美元不小心从你的口袋里掉出来，你就会失去 20 美元，这种损失的伤害会比你在地上捡到 20 美元的幸福感要大得多。

有一种方法可以让你身体力行，那就是经济上的承诺。在我职业生涯的早期，我很害怕在公众场合演讲。我知道这是一项重要的技能，所以我加入了当地的演讲俱乐部。当时的会员费大约是 50 美元。我当时勉强维生，所以一方面我真心想提高我的演讲能力，另一方面又真的不想浪费这笔钱。随着我在小组中的参与度越来越高，我和其他成员成为朋友，发展这些社会关系给了我另一种身体力行。不出席会议意味着我会感到内疚、羞愧和尴尬，所以我用这一点来进一步激励自己坚持下去。

有很多工具可以帮助你做到身体力行。在网上搜索一下，找一找相关的应用程序或软件。有的软件的基本程序是：你设定好目标（例如，每周五天，每天写 500 字），并确定如果你不按时完成，将支付多少罚款。如果你没有完成目标，就会失去这笔钱。有些软件甚至可以让你决定你损失的钱用到何处。你可以把这些钱给你的敌人，或者一个你无法忍受的事业或组织。这就把损失厌恶提升到了一个新的高度。

不管你用什么方法或工具，身体力行都能帮助你战胜拖延症。

3. 重视成长和学习，而不是安逸和肯定

就像许多自主创业者一样，在创业的头几年里，我什么都自己做。我承担了所有的工作——营销服务、日程安排、开票、网站更新、内容制作、邮件往来、客户服务。

最终，我达到了一个突破点。即使用上所有的时间，我也无法再满足所有的要求。我知道我需要雇人帮忙，但又害怕做出这样的决定。我的收入很少，所以雇人似乎是遥不可及的。我以前也没有当过老板，不知道如何寻找、雇用、培训、委派或管理另一个人。

这一切都充满了未知，让我不知所措，但我必须做出一个关键的选择——要么待在我的舒适区里，继续努力做更多的事情，游得更快，蹬得更猛；要么我可以成长，学习如何雇人。我可以"在准备好之前就开始"，并解决这件事。

本能地，我知道如果在自己的舒适区里待得太久，我就会扼杀我辛辛苦苦建立起来的事业。我的下一步行动很明确，即是时候开始在我所说的成长区（又称不舒适区）里生活了。否则，我就没有机会超越我已有的水平。

成长区是个神奇的地方，虽然很可怕，但它是唯一能让我学会如何做老板、如何授权、如何超越自己发展业务的地方。进入成长区意味着事情将是不确定的，我将会感到不舒服。很多时候，我也很可能会摔得一塌糊涂。

成长区
（又称不舒适区）

舒适区

成长区与舒适区

你猜怎么着？我的确犯了很多错误。起初，我雇错了人。我在授权方面做得很糟糕，产生了很多的自我怀疑、不安全感，流下了很多眼泪。但是，一旦我把自己的脚牢牢地踩进了成长区，我就拒绝放弃。我没有退路。最终，我开始一点一点地学会正确做法。

在舒适区，也就是我们大多数人花了太多时间的地方，生活会感觉很安全。即使有压力，你也至少还是会觉得很安全，因为这个区域是你熟悉的。你已经习惯了这种模式，不管它是多么不正常的。这就是你所熟悉的野兽。

但是，你梦想成为、实现或解决的一切，都存在于成长区。当你处于成长区时，你会感到脆弱和不安全，但为了成长，你必须（至少暂时）放下对舒适和安全感的需求。你必须训练自己重视成长和学习，把成长和学习放在第一位。

成长区是你获得新技能和能力的地方。它是你获得力量和专业知识，并创造新成果的地方。在成长区停留足够长的时间，就会有奇妙的事情发生。成长区会成为你的新舒适区。

成长区
（又称不舒适区）

新舒适区

开拓新的舒适区

你的舒适区拓展后，曾经让你感到恐惧的事情都不再令你慌张。你的信心增加了，让你更有力量应对下一个挑战。你开始期待并接受每一次学习经历中所蕴含的不确定性、脆弱性和谦卑。这个循环是掌握"所有问题都是可以解决的"的根本。

要实现任何梦想，你都需要新的技能、经验和见识。你必须做你从未做过的事情。"在准备好之前就开始行动"并不容易，但如果你想改变，这是必需的。

从知到行

去行动,你就会有了力量。

_爱默生

1. 回想一下,在你的生活中出现的下述情况:要么处于选择,要么处于你无法控制的情况(例如,工作的增加、失业、被迫搬家、新生或死亡、离婚等),你在准备好之前就开始行动了,并最终获得了有价值的结果。至少举一个例子。

2. 你曾在什么时候因为认为自己还没有准备好而推迟了行动,但一旦准备好了,你却想"嘿,好像也没那么糟糕,我为什么不早点行动呢"?

3. 与你大梦想有关的快答题:你知道在还没有准备好之前你就必须要做的一个动作是什么?哪一个行动步骤会立即进入你的脑海和心里?你本能地知道有个可怕的大动作会让你实现跳跃式的进展,它是什么?把它写下来,大声说出来。

4. 你可以如何投入时间或金钱,或利用社会责任感(即积极的同伴压力,或对内疚、羞耻或尴尬的恐惧),以在梦想上迈出一大步?身体力行地投入到游戏中去,现在就行动起来吧!

不要忘了,"十年测试"属于你的"所有问题都是可以解决的"工具箱。

当你面对一个可能会对你未来轨迹和梦想的最终实现产生重大影响的艰难决定时,随时做"十年测试"(或5年、15年、20年测试——时间框架应该与你的情况相匹配)。问问自己:"10年后的今天,我是否会后悔没有这样做?"

很多人用理性、逻辑思维来寻找答案,这会"限制自己"。不要犯这样的错误。正如第4章中讨论的恐惧与直觉的关系,你要注意自己的感觉。你的身体包含着智慧和智能,它们的存在就是为了帮助你解决问题。

所以,请充分体会你对"十年测试"的身体反应和情绪反应。

"所有问题都是可以解决的"实地记录

27岁,在与乳腺癌斗争的同时,她经营自己的家族企业,使之实现了从深陷税务困境到收入增长三倍的变化。

三年多一点前,我接管了我的家族企业。它仍然在赢利，但之前经营的家族成员让生意走上了下坡路，企业主要问题有欺诈、税务不清、不给供应商付款、不给客户答复。他在公司的账单上拖欠了6个月，没有储备资金，还做了假账。我在这种关口接下了这个企业，必须快速熟悉业务，把好舵。（我是做营销和品牌出身的，我的家族企业是做制造和工程行业的。）

我不断地使用"所有问题都是可以解决的"方法。在没有参考记录，一切都是一团糟的条件下，我基本上不得不重新创造一个制度健全的公司。

然而，四个月后，我被诊断出患有乳腺癌，那年我27岁。这绝对不是计划中的事！我不得不一边想办法经营家族企业以养活整个家族，一边与乳腺癌这个怪兽做斗争。

所有问题都是可以解决的。我研究并实施了远程系统，这样我就可以在病床上或医院里工作。我学会了委派和聘请专家来帮助我。我创建了一个"进击清单"（重要待办事项清单），以完成我需要完成的一切。

在我需要内心支撑的时候，知道所有问题都是可以解决的，不仅让我松了一口气，也让我的团队和家人平静下来。我坚持了下来，使公司的业务收入增加了三倍，并壮大了我的团队，击败了乳腺癌。

– 阿曼达，于得克萨斯州 –

7
要进步而非完美

完美是无法实现的。它是一个神话，
是一个陷阱，是会把你弄死的仓鼠滚轮。

— 伊丽莎白·吉尔伯特 —

你瞧，我有点怪，我对东西的标准要求得会有点高、有点怪异。我吃的意大利面酱必须熬制不少于12个小时；为了美观，我用空手道动作劈开我的抱枕（在你真的尝试枕头大战之前，不要试图打它）；我喜欢我所有的布餐巾都以一种特别的、统一的方式折叠（乔希喜欢我在这方面纠正他）。我和我的创意总监笑称我们有共同的"苦恼"——通常只有我们两个人注意到在一个几乎完美无瑕的设计项目上某个迷失的像素点。"说真的，难道没有人发现这个明显的疏忽吗？"因此，我理解不断打磨、调整和完善以使事物达到恰当状态的原始冲动。

不过，我已经明白一个关键的、逻辑清晰的区别：拥有并坚持自己的高标准与完美主义是不一样的。是的，它们是有关系的，但前者是健康的、激励人的，而后者最好的情况是功能失调，最坏的情况是致命。完美主义的核心不是高标准，而是恐惧——害怕失败，害怕看起来很蠢，害怕犯错，害怕被人评判、批评和嘲笑。完美是一种恐惧，害怕一个简单的事实可能是真的：

你就是不够好。

这一点，无疑是不真实的。当然，你可能需要培养技能和力量来实现你的梦想。谁不需要呢？但认为自己根本不具备所需条件的观念是一个谎言。你脑海中那个这么说的声音，就是我们在上一章中讨论过的那个令人厌倦、废话连篇、唠叨不已的声音，也就是我们已经一致认为应坚决抗拒的那个声音。

你要明白，对"不够好"的恐惧是普遍存在的，每个人都在与之抗争。问题是，当这种恐惧转变为全面的完美主义时，问题就会产生。因为完美主义是麻痹性的，它会让你痛苦不已，让你的滚轮不停地转动。而且，其中的危险远远不止卡住、僵住。一旦抓到你创造性的生命力，完美主义就会不择手段地灭掉你。

完美主义的危害

完美主义是最高级的自虐。
— 安妮·威尔逊·雪夫 —

我们经常阻止自己尝试新东西，因为我们太想把事情做好做对（而且还要从一开始就把它做好）。我们想向世界展示一个能干的形象。对于身为初学者的自己，我们几乎是零容忍的态度。完美主义并不是一套行为，而是一种对待自己的破坏性思维方式。当你犯了错误（或者说，失败了），你不只是对自己的表现感到失望，也对你本身感到失望。

这就是完美主义的破坏性。2003—2006 年，研究人员对当时自杀人士的朋友和家人进行了采访，发现了一些令人震惊的事情。超过一半以上的死者被亲人描述为完美主义者[1]。另一项研究显示，完美主义者往往死得更早，相比之下，认真的乐观主义者活得更久。[2] 在 20 多年的研究中，保罗·休伊特博士和他的同事戈登·弗莱特博士发现，完美主义与抑郁症、焦虑、饮食失调和其他心理健康问题有关。[3]

完美主义是致命的，它对你的健康、快乐和生产力都是有害的。在可悲且讽刺的转折中，它往往是阻止你达到、实现和感受到你最佳状态的主要障碍。它几乎没有任何帮助。

好消息是，拆解完美主义是百分之百可能的。更好的消息是，你不需要降低标准就能做到。事实上，没有了完美主义这一层的毒害，你更有可能创造质量更高的作品。你会享受过程，给自己留出试验的空间。而你独一无二的潜力，一直困在内部的潜力，将会在你人生的主要舞台上爆发出来。

这不是谈判，你必须粉碎完美主义——任何形式的完美主义。这对掌握"所有问题都是可以解决的"而言，就像氧气对你的生命一样至关重要。让我们开始吧！

令我畏缩的工作坊

当我刚开始做教练的时候，我有一个梦想，就是有一天能和一大群人一起工作。我想象着自己在面对上万人的舞台上演讲。我看过大师级演讲者的教导现场，迫切地想达到同等水平。这是一个令人兴奋的愿景，但我的现实却与之大相径庭。

我当时正处于事业的萌芽阶段，几乎没有任何付费客户，大部分的钱都是靠调酒赚的。我住在一个 400 平方英尺[①]的工作室里，吃了不少花生酱果酱三明治。

尽管如此，我还是对我在训练中学习到的概念和策略充满了

[①] 1 平方英尺约等于 0.09 平方米。——编者注

难以置信的热情。独享所有这些新发现的智慧,感觉是一种犯罪。为什么学校不教这些东西呢?为什么更多的人不知道他们真的可以改变自己的生活呢?这个信息真是太棒了!我觉得自己就像《欢乐糖果屋》里的薇尔莉特·博雷加德,如果不尽快把这些关于个人发展的精华释放出来,我就会像肿胀的蓝莓一样爆掉!于是,23岁的我决定通过举办我的第一次公开研讨会来传播好消息。

我的朋友克莱尔好心地提供了她的地下室作为场地。我把工作坊命名为"如何创造你爱的生活",用办公软件里一些非常复杂的剪贴画、家用打印机和订书机制作了正式的工作簿。最后,为了让大家都能跟上,我给自己找了一个大画架、一张挂图和一些记号笔。我已经准备好了!

我的第一次公开研讨会的参与度非常"高"——有5个人参加。

克莱尔、克莱尔从街上拉来的她的两个邻居,还有我的父母。想到自己把那些手工制作的、装订好的课程用书递给我的五位参与者,我就会不由自主地缩手缩脚。回忆起自己站在那个巨大的画架前,让这些成年人——至少是我年龄两倍的人——完成我布置的作业时的感觉,我就想把头埋进被子里。"好可悲,好可悲",我脑海中那个批判的、刻薄的女孩这么说。

现在回想起来,没有什么可悲的。我做了一件事,冒了个险。我把那五个人聚集在一起,而且尽了最大的努力。更何况,这很可能是我在职业生涯中经历的最糟糕的事情。从这里开始就要走上坡路了，宝贝儿！那个地下室的研讨会给了我一个简单的指令，每次感觉完美主义的倾向要来阻止我的时候，我就会运用这个指令。你可以把下面这句话写下来：

请从小事做起。做得不怎么样，也总比困在原地一动不动好。

举办完了第一个工作坊意味着两件重要的事情。第一，我打败了我的完美主义。如果我能成功一次，就能再做成一次。第二，我离我的终极梦想又近了一步，那就是有朝一日在上万人面前讲课。给自己一点空间和宽容心，让自己容忍自己做不好，是我可以进步、渐渐做好任何事情的唯一方法。

每个职业选手都是从业余选手开始的。没有一个顶级的艺术家、运动员、作家、科学家、建筑师、企业家、程序员、音乐家或陶艺师是在其职业生涯的顶端进入自己的领域的。做任何新的事情或学习任何新的东西，都意味着你将成为一个新秀，必须从门外汉变成内行人。尊重这一点，拥抱它，并接受做得不怎么样的自己。

记住，完美主义是一条毒蛇。它的目的是攻击你的创造力。它最狡猾、最致命的招数之一就是让你把自己和有成就的大师进行比较。

| 要进步而非完美

我永远也不会像 _____ 那样优秀，又何必再去尝试呢？

别这么想。比较是创造力的氪石。请记住，用小酒杯喝 Comparschläger 会让你死于非命。

你的作品无论是什么形态的，都不太可能一下子从你身上涌现出来。有个浪漫的观点认为，如果你真的很擅长你所做的事情，或者说你真的想做这件事，那么一切都会不费吹灰之力。别信！对一些罕见的人（机器人？）来说，也许是这样，但对我们大多数凡人来说，伟大的作品不会直接从我们的毛孔中渗出。我们为之流血，为之奋斗，为之流汗。这个过程并不会整洁帅气，也没有什么秘方。

当你把刚开始努力的自己与多年来一直在为同一件事奋斗的人相比时，你就陷入了完美主义的死亡陷阱。解决这个问题的方法就是一句神奇的咒语，大声念出：

要进步而非完美。

从这一刻起，这就是你所追求的一切，这是你用来判断你是否在轨道上的测量仪，是你应该关心的一切。你是否取得了进步？你有没有努力去学习和成长，因为这与你想要的东西有关？进步无论有多小，都是你应追求的一切。

这是我灌输进 54000 多名 B-School 学生心中的核心原则之一。它的颠覆力是如此巨大，以至于至少有一个学生在她的前臂文上了这句口号。在数以万计的调查回复中，"要进步而非完美"被反复引用为参与者最关键、最具变革性的突破。它会改变你的生活，引导你专注于唯一重要的事情——学习和成长上。此外，它可以让你避免过早地放弃，也让你摆脱如影随形的"不知道自己是否应该放弃"的痛苦质疑。

请理解，进步从来都不是一条直线，而是蜿蜒曲折的。你会向前走，然后再向后退；你会上上下下，会往旁路走两步，再往后退。与进步的无规律节奏进行斗争是徒劳的，所以请期待路上的挫折、跌跌撞撞和大跟头。它们都是不可避免的，也是你正在进步的积极指标。

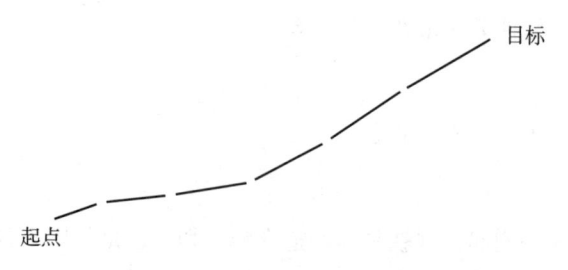

有关进步的迷思：大多数人认为进步的样子

| 要进步而非完美

目标

起点

进步的现实：进步实际的样子

不要害怕起起落落。相反，要准备好创造性的方法来应对并从中学习。你会感觉到向前走了一步，然后再退后四步。请对这些做好思想准备。最重要的是，要培养耐心。这是"所有问题都是可以解决的"哲学中极关键的心智优势之一。你想创造、实现或体验的每一件事，所需时间都可能比你所希望的用时要远远多得多。

莫莉，B-School 的学生之一，就验证了这一点。当第一次考虑独自创业时，她的工作状态很糟糕。她完全不知道自己能做什么生意，也不知道该如何去做，但在看了我和另一位毕业生的视频采访后，深受启发。她写道："视频中和你聊天的那个女生谈到她的第一个月收入是 3 万美元。当我听到这句话的时候，我就想，'天哪，我想要那样。我会做到的！'"

莫莉想出了一条创业之道，并连续努力了两年。但是，她的业务一直停滞不前。她的心都碎了，感觉自己像个失败者。她在无力继续经营下去,濒临放弃边缘的时候,通过电子邮件联系到了我们。我们给了她一些指导,并建议她在我们的私人社群里分享她的经验。莫莉勇敢地发布了她挣扎拼搏的故事(这种挣扎是非常普遍的,但当你经历这种挣扎时,你会感到孤独)。她得到了大量的支持、想法和建设性的反馈。她重新审视了自己的业务,以及她可以改进的地方。她获得了新的视角,重新调整了自己努力和运用精力的方式。一年后,我们又收到了莫莉的邮件。

我写信是想告诉大家,到目前为止,这个月我已经赚了31255美元(这才刚17号)。回想三年前的日子,真是太不可思议了。我仍然无法相信这就是我的生活。这是很辛苦的工作,但每一秒钟都是值得的。

我们自然为她激动不已,但几天后,我们又收到了一条信息。

你能让你的团队和玛丽知道我们公司12月份的最终收入是65300美元吗?我的天,我们还在努力消化这个事实!

莫莉不仅超过了三年前最初激励她的收入目标,她的收入还在几周内翻了一番。你能想象,如果莫莉因为认为两年前的"失败"意味着她没有进步而放弃,会怎样?事实是,她一直在前进,

| 要进步而非完美

尽管她没感到自己在前进。莫莉很明智地退后一步，评估自己的努力，并寻求建设性的反馈。她运用这种洞察力来调整并继续前进。说白了，莫莉的大赢并不只是关乎钱，更关乎她必须成为一个什么样的人，这样她才把曾经的梦想变成了现实。通过专注于进步而非完美，她成了一个能把事情想通和做成的人。现在，这种能力将为她的一生服务。

我听过无数个各种各样的类似故事，无论是商业、艺术、电影制作、写作领域，还是体育、人际关系、健康领域，一切有价值的事情都需要时间，需要比我们急躁的头脑认为应该花的时间还多的时间。

如果你很清楚，实现你的梦想（或解决一个具体的问题）是重要的，那么请保持耐心，继续磨炼。正如一句名言所表达的，走得多慢并不重要，只要你不停下来。

不要急于判断自己的失败

当我开始认真对待自己的舞蹈理想，来往于百老汇舞蹈中心和 Crunch Fitness 健身房时，我对成为一名成功的舞者意味着什么产生了一些想法。我无意中听到专业舞者说起要去试镜。我想："哦，当然。这就是真正的舞者所做的事情。他们去试镜。成功＝出演音乐视频、演出和巡演。"如果我希望成为一名真正的舞者，我想我也需要开始试镜了。

不久,我得知梅西·埃丽奥特正在为她的新音乐视频寻找舞者。我当时对此十分兴奋。这是我的机会!试演是在曼哈顿市中心进行的。当我从地铁里走出来的时候,舞者们排着队绕着街区转了一圈。每个人似乎都认识彼此。他们在人行道上一边伸展身体、自由舞动,一边友好可亲地聊天。我呆呆地站在那里,胃里打着转儿。

经过两个小时的煎熬,我顺利地进了大楼,到了三楼的走道上。我递上我的大头照以及用订书机装订的稀稀疏疏的履历表,在空旷的舞室内加入了下一队试演舞者。编舞老师打开音乐,跳了几个动作。她的速度很快。我勉强看懂了前四拍动作,而其他舞者似乎一下子就吸收了复杂的舞蹈编排。紧接着,试镜开始了,我整个人都蒙了,完全跟不上。要说我当时的心情很糟糕,那是轻描淡写。我最糟糕的舞蹈噩梦就要成真了。几分钟后,我羞愧难当,哭着跑出了舞室。

我怔怔地走在第八大道上,心里一直在想:"你在跟谁开玩笑,以为自己能做到?你没有天赋,没有受过训练。你太老了,太慢了。你永远也做不到!"

经过几天的舔舐伤口,我强迫自己回到课堂上。我意识到,快速掌握舞蹈的能力并不是与生俱来的超能力,而是一种技能,一种可以慢慢提高的技能。我继续训练,继续前进。试镜失败虽然很尴尬，但仍然是一种进步。它启发了我，让我坦然面对自己在舞蹈世界里的成长。我真正喜欢的是什么？我的终极目标是什么，我需要做什么才能达到这个目标？

提出这些问题，并真正思考成功在我的现实生活中会是什么样子的，而不是抽象地思考——这是个颠覆性进步过程。

成为一个"成功的舞者"，按照我狭隘的定义，我需要努力获得和音乐艺术家一起巡演的机会。这些演出意味着要在路上生活和工作。但当时，我还在调酒，在做人生教练，我和乔希的关系还处于早期阶段。我认为作为一个传统职业舞者的目标和愿望与拥有多种热爱的自己并不匹配。

我继续努力学习舞蹈，但也允许自己把精力集中在我觉得最有活力的地方。虽然我很欣赏百老汇舞蹈中心的课程，但 Crunch Fitness 健身房的课程也有趣得难以置信。我变得更容易交到朋友，因为工作是在快乐和学习中进行的。我喜欢和不同身型、不同年龄、不同阶层的人一起跳舞，这让我感觉是在合作而不是竞争。我很乐意投入额外的时间来获得成长。

然后，奇特的事情发生了。当我不再强迫自己追求传统舞者的目标时，我开始收到一些邀请，让我出演和制作健身视频。（还记得吗？）我获得了更多的经验和人脉，与 VH1 和家庭购物网等大公司签了约。我在世界性的会议上讲课，同时学习、成长、跳舞，并享受了一段我一生难忘的时光。我放弃了传统舞者的目标，允许自己去追求自己独特的道路。

几年后，一个令人兴奋的机会出现了。耐克公司推出了一项全新的舞蹈健身计划，名为"耐克摇滚明星健身计划"。将舞蹈演员作为运动员来介绍——没有一家全球性的体育公司之前做过这类事。杰米·金，一位曾与蕾哈娜、麦当娜和布鲁诺·玛斯等人合作过的舞蹈家、编舞师和创意总监，带头发起了这个活动。耐克和杰米带着这个项目来到了纽约。长话短说，我成为世界上第一批耐克精英舞蹈运动员之一。我花了几年时间在全球各地与耐克合作，在大舞台上跳舞，培训了数百名教练，做我喜欢的工作。

有意思的是，当我在几年前参加梅西·埃丽奥特的试镜时，耐克精英舞蹈运动员还不存在。我不可能会想达到这个特定的目标，因为之前没有人抵达过！它根本就还没有被创造出来。

但我那次试镜的失败促使我进行了必要的焦点转移，帮助我在接下来的几年里，不知不觉地沉浸在嘻哈文化、舞蹈和健身的训练中，让我在耐克的机会出现时为赢得职位而做好了准备！

不要急于判断自己所谓的失败。一次失败可能是一次重新定向，引导你实现一个更好、更大的目标。有时候，就像梅西·埃丽奥特会说的那样，我们必须对自己说："这值得吗？让我来试试吧。放下所有，翻转它，扭转它。"

进步 vs 完美

> 如果我等待完美,就永远不会写出一个字。
> － 玛格丽特·阿特伍德 －

追求卓越和陷入完美主义的深坑之间只有一线之隔。下面的内容可以帮助你自我诊断和自我纠正。

"完美 vs 进步"背后的想法

完美	进步
我只有一次机会。如果我失败/输掉/被拒绝了,那就意味着我很糟糕,应该退出。	我会尽可能多地去尝试。我会从每一次尝试中吸取教训。我会变得越来越强,越来越好。
要么全盘皆赢,要么一无所获。如果我现在不能得到我想要的一切,那做这些又有什么意义呢?	现在就从小事做起,随着时间的推移,我会不断迭代,不断发展。
失败是不能接受的。 我是一个失败者。一直以来都是,永远都是。 我做什么事都会失败。这将击垮我。 如果我失败了,我就完了。我不能再继续下去了。	失败是不可避免的。 我的尝试可能会失败,但我不是一个失败者。 失败不是永久的,也不是个人的。 失败是一类事件,而不是一种特性。
她为什么比我成功得多?我更聪明、更真诚。或者说,我永远也不会有那么好。	她是那么鼓舞人心。我和她的气场真的很相通。如果她能做到,那我也可以。

（续表）

完美	进步
这事必须立即发生。尽快！ 给我一个捷径/方法/公式。 我需要它是容易的。 我无法应对挑战。我会失败的。 我觉得气馁、不自信。这意味着我是个失败者。 不确定和不安全感是一个信号，说明事情超出了我的能力范畴，我应该放弃。	对这件事，我做了长期打算。 所有伟大的事情都是需要时间的。 我已经准备好去努力奋斗了。 我对挑战感到兴奋。 我感到气馁和不自信。这意味着我正在取得进步！ 不确定和不安全感是我进入新领域的标志。
我无法承受再一次的挫折。 我太软弱了。这太难了。	挫折和障碍？放马过来。 做困难的事情会让我变得更强大。
我什么事都做得不够好。 直到做到完美之前，我不能给别人看我的作品。	做完了比做完美要更好。 真实世界的反馈帮助我学习和改进。
恐惧导向： 他们会怎么看我？ 大家会怎么说我？	以好奇心为导向： 我可以从中学习到什么？ 我怎样才能提高？

注意间距

我在与耐克合作期间，经常去欧洲参加训练和活动。在伦敦的时候，我很感激地铁不断提醒我"注意间距"。它的意思是，睁大眼睛，提高警惕，在跨过车门和站台之间的空隙时，不要摔倒。

同样，我们在实践"所有问题都是可以解决的"这一信念的旅途中也要注意间距，尤其是在选择进步而不是完美的时候。我们想要做出的改变和我们的能力之间存在着巨大的间距，换句话说——

要注意你的野心和你的能力之间的间距。

关于这种间距的极佳表述之一来自美国公共广播台NPR《美国生活》(This American Life)节目的主持人兼制片人伊拉·格拉斯，他曾说道：

没有人会告诉初学者一个道理（我真希望有人曾告诉我），所有从事创意工作的人都是一样的……我们之所以融入其中，是因为我们有好的品味，但这其中好像有一个间距。在最初的几年里，你所做的东西不是那么好，对吗？它不怎么出色。你想做得很好，有野心做得很好，但你的东西还没那么好。但你的品位——让你进入行业的东西——还是很有杀伤力的，因为你的品位足够好，你能看出来你的作品让你有点失望，你明白我的意思吗？

很多人永远也没度过这个阶段，在这一节点上放弃了。而我衷心想对你说的是，我认识的大多数人是做有趣的创意工作的人，他们有很好的品位，但也经历了几年这种知道自己所做的东西并不如自己想要的那样好的阶段。他们知道自己的作品令人失望，并没有所期待的画龙点睛的特殊之处。

我想对你说的是，每个人都会经历这样的事情。无论你是将要经历它、现在正在经历它，还是刚刚走出那个阶段，你都要明白，这完全是正常的。

你能做的最重要的事情就是做大量的工作。给自己定个期限，每周或每月要完成一个故事。因为只有在真正经历了大量的工作后，你才会真正地追上并弥补间距。而你所做的工作，也会让你慢慢追上自己的野心。这会需要一些时间——这很正常。你只要努力奋斗就可以了。[4]

思考解决方法、创造真正的改变，以及培养技能、能力和认知，都需要时间和努力。这些跨越所有学科，涉及几乎所有的创造行为——无论你是谁，你想做什么、实现什么、经历什么或解决什么……

"要进步而非完美"，是弥合你的能力和野心之间间距的唯一途径。

我在生活中的方方面面都努力注意间距：从在健身房增强体能，到装修房子，组建团队，再到发展我的节目（最初我用老式电脑摄像头拍摄，没有剪辑、灯光、摄像师）。

所以，请大家配合创造的过程，不要强求，注意间距。

一点一滴，一步一步，一天一天。专注于进步而非完美，你会成功跨越那个鸿沟。

选择正确的心态

你可以掌控你的心灵,用正确的方式来帮助它成长。

—卡罗尔·德韦克—

关于心态这个话题,斯坦福大学心理学家卡罗尔·德韦克写了一本我最喜欢的书,这本书证明了正确的心态是如何改变我们的行为,以及最重要的是,如何改变我们的结果。德韦克在她的《终身成长》一书中,指出了她所说的"固定型心态"与"成长型心态"的区别。

当处于固定型心态时,你会相信,无须付出努力就能创造成功。你要么生来就有天赋才能,要么没有,并且对此无力改变。在固定型心态下,你会逃避挑战、抵制批评,还会为了得到别人的认可而努力。这一系列的信念以及由此产生的行为都是具有破坏性的。

而当处于成长型心态中时,你相信你最基本的能力,如天赋和智慧,是可以通过努力、毅力和经验来提升的。在这种心态下,无论你天生的智慧和能力怎样,那都只是一个开始。处于成长型心态中的人渴望挑战、欢迎建设性的批评,并将挫折视为学习的机会,培养出对勤奋工作的热情和成长的渴望。他们知道,变得更好是一个过程。这个过程需要正确的态度和长期的投入。

接下来是最精彩的部分:在任何时候,你都可以选择你的心态，而这种选择的结果可以改变人生。德韦克讲述了一个叫吉米的学习困难的学生的故事，她形容他是"最硬核的被浇灭希望而不努力的孩子"。她写道，在接受了固定型心态和成长型心态的教育后，"吉米抬起头来，眼里含着泪水说：'您的意思是，我也可以变聪明吗？'"从那一刻起，吉米就彻底变了。他熬夜做功课，早早交作业，渴望得到如何改进的反馈。正如德韦克所写："他现在相信，努力不会让他变得脆弱，而会让他变得更聪明。"[5]

德韦克列举了无数个现实生活中的例子，以说明这两种不同的心态如何从根本上影响我们的生活——从育儿、教育到运动。证据是不可否认的。当你持以固定型心态来运作时，你会感到痛苦。当你持以成长型心态运作时，你就会培养出对学习的热爱和韧性，从而获得满足感和非凡的成就感。

此时此刻，你可以选择把自己放在成长型心态中，也可以选择固定型心态，就像你可以选择进步而非完美一样。这些都是截然不同的选择，结果也大相径庭。一种会导致痛苦和停滞不前的生活，另一种则会带来无止境的成长和成就感，你会选择哪一种？

六个实践策略

当完美主义引诱你偏离轨道时，请使用下面的策略，让自己继续待在成长区。

1. 小步前进，避免戏剧化

完美主义喜欢戏剧化。你会注意到，在你还没有采取任何步骤来实现梦想之前，完美主义甚至就会带着无休止的、责备性的问题来找你，比如："我的商业想法有什么好的吗？我怎么才能让它开始呢？我要如何管理几十个人？如果我失败了怎么办？如果我成功了呢？我可能会毁了我的家庭。大家都会嫉妒我。我会因为这个而失去友谊。我的天啊，我可能会离婚，孤独终老。"

不要沉迷于这种戏剧化的想法，低下头去做你的工作。小步走，甚至可以如婴儿学步一般，每天都做很小的事情——出勤听课、制作原型、写出你的目标、跑完你的里程、发出调查报告、存一美元、清醒一小时。无论你的梦想是什么，请迷恋上每天简单的进步。

通过假设必须要做出根本性的改变才能取得进步，你可以吓唬自己，让自己陷入困顿。但事实是，你不需要这样假设。真正的改变在发生时实际上是看不见的，没有号角声，也不会有乐队在你的门前演奏进行曲。有意义的进步并不会令人觉得特别兴奋，大多数时候，感觉就像正常工作一样。你出现，埋头工作，达到工作量（有时很高兴，有时不高兴），然后重复。

所以，要把注意力放在重要之事上。每天迈出一小步，远离戏剧化的大事件。

2. 未雨绸缪，防患于未然

无论你多有条理、多有干劲，有时候还是会发生让你走向歧途的事情。从疾病到技术故障再到日常中的各种干扰，你的道路上会有大量的障碍。提前知晓并解决它们是稳步前进的关键。

首先，用微观的方式思考。什么会导致你的工作日脱轨？短信或电子邮件的通知？接打不必要的电话？没能给冰箱备好货？其次，思考一些大一点的问题。什么会让你的整个项目偏离轨道？错过最后期限？天气延误？技术上的头疼问题？在我们公司，我们注意到了一个与设计和开发相关的延迟模式。所以我们开始提前分析并解决这些问题，定期对每一个新项目进行最坏的情况评估，并集思广益，想办法处理这些问题。这不是一个万无一失的系统，但它总是有益的。问自己："可能会出现哪些潜在的问题？我可以提前计划什么（哪怕是有关我自己的情绪韧性）来减轻潜在问题的负面影响？我现在需要做什么才能不断进步？"

3. 预见（和拥抱）自我怀疑

当追逐大梦想的新奇感消退后，你很可能会被自我怀疑的海啸吞噬——"我为什么会答应了？这都是错的。我做不到。这太难了。我不具备这样的能力。我应该放弃。也许我应该改变整件事情，从头开始。我讨厌这样。我讨厌这一切。我恨我自己！"

无论你是在健身、打造产品、写剧本，还是开展新业务或事业、修复关系、竞选职位，都可能被自我怀疑的感觉击中。这是十分常见的事情，再怎么强调都不为过。它通常会发生不止一次，尤其是在大项目上。每个人都会在超越自己的舒适区时经历这种激增的自我怀疑。这是进步的标志，而不是停止的信号。

正如我多次提到的（因为人们常常忘记），挫折是必然会发生的。它们并不是来自"宇宙的信号"，意味着你应该放弃（很显然，如果你发现你真的不想再追求一个梦想或目标了，那么，请停止，转而去做别的事情。）

但是，如果你觉得灰心沮丧，请深吸一口气。记住，自我怀疑是正常的。无论你变得多么成功或经验丰富，自我怀疑永远不会完全消失，与其说"有什么意义"，不如问自己"下一步该做什么"。

4. 问自己："下一步该做什么？"

在经历了挫折之后，问自己一个问题："下一步该做什么？"聆听答案。答案可能很简单，比如"喝杯水"、"先睡下再想"，或者"你需要一些薯片和鹰嘴豆泥"。有时候则是休息一下以获得新的视角。出去跑一跑，锻炼一下，跳舞，冥想，给自己一些空间，给一个值得信赖的、有经验的、支持你的朋友打电话。

或者,当你问自己"下一步该做什么"时,你会听到一个这样的回应:"那个反馈很扎心,但说得有道理。利用那个洞见让自己变得更好。"或许你会听到:"别再评判自己了,把这段话写完。"也或者是:"是的,我们需要把最后期限再推后一次。但是,我们不会放弃。让我们重新聚焦,继续前进。"

当你问自己"下一步该做什么"时,你就会引导自己的大脑和心灵去寻找一个富有成效的答案。

5. 利用积极退出的力量

有句老话说,放弃者永远不会获胜,获胜者永远不会放弃。这句话是不对的。只因害怕自己看起来像个失败者而坚持下去,是一个糟糕的想法。但有时候,你必须勇敢地中止那些不再符合你的身份或价值观的项目、目标、关系。

让我向你介绍一下积极退出的力量。积极退出是指你意识到你已经尽力而为,而你的内心十分清楚,最明智、最有效的下一步就是减少损失,再继续前进。

在我做人生教练的早期,我投入了几个月的时间和大量的资金来建立一个私人的线上会员社群。这个项目耗费了我所有的时间和资金,使我在经济上捉襟见肘。当它终于上线时,我非常兴

要进步而非完美

奋,数以百计的人会注册并付费使用了它。

但新会员一开始登录,整个系统就崩溃了。我说的是一个完全静止的、技术上的混乱局面。那时候,我还没有团队。我感到非常尴尬、难过和沮丧,但我让自己冷静了下来,评估了情况,并采取了果断的行动。

我终止了业务。当然,我照顾到了我的客户。我向客户解释了"发生了什么",将他们转移到一个稳定的托管平台上,该平台提供了比我承诺的更多的服务。但我并不打算只是为了证明我可以解决这个问题,就把更多的钱、时间和精力投入那个定制的网站上。

有时候,在追求一个项目的过程中,你会发现其实那并不是你真正想要的。即使你的项目没有崩盘,你也可能会选择走开,因为你已经做完你能做的了。你已经学习和体验了力所能及的一切,准备好迎接下一章节。想想看,就像吃自助餐一样。你不会因为出了什么可怕的问题而放弃进食,而只有满意了,才会停止进食。

在舞蹈和健身领域工作了大约6年后,我想把百分之百的精力投入我的网络创业项目中,所以我放下了我的舞蹈事业。这样做不是因为它有什么问题,也不是因为我失败了,而是因为我已经准备好进化。几年后,我决定停止主办一个曾创造了超过100万美元收入的年会,并不是因为这个会议有什么问题,而是因为我觉得它完成了，我想从事其他项目。

不管是关系、事业，还是项目，结束并不意味着失败。放弃不等于不继续前进，不要继续追求一个不再服务于你的梦想。如果过了一段时间，你觉得是时候换个方向了，那就去换吧。虽然没有一刀切的公式来做这种决定，但你可以利用以下两个工具来帮助你。

工具一：十年测试

我们在第6章中第一次谈到这个工具，它在这里特别有用。想象一下十年后的自己，问："如果我现在就结束这一切……到时候我会后悔吗？"

当我的定制网站项目崩溃时，我知道十年后我几乎不会记得它。是的，这很令人沮丧，我损失了一些现金，但它并不是我的灵魂目标。它只是一个项目，让我学到了很多关键的教训。

工具二：完成第5章中"我真正想要的"七天写作挑战。它能创造奇迹，帮助你获得清晰的思路

重新审视你在第5章"从知到行"部分完成的内容。具体来说，第二步是相信并实现这个梦。这里你要列出追求这个目标对你来说至关重要的所有原因。做一次直觉检查，这些理由是否仍然有效和真实？如果是，那就继续走下去。如果不是，你可能已经准备好结束它了。追求梦想需要勇气，但当梦想不再适合的时候，你需要更多的勇气来结束它。

6. 最重要的是培养耐心

"可是，玛丽，我已经为我的 _____（事业、表演、写作、音乐、雕塑、食谱、剧本、研究等）至少花了 _____（三个星期、三个月、三年等），却毫无进展。我这是怎么了？这究竟还要花多长时间？"

答案是：需要多久就有多久。

伊丽莎白·吉尔伯特是流行文化作品《美食、祈祷、恋爱》以及其他七本书的作者。她告诉我，她在刚开始写作的十年里，没有靠写作赚到一分钱。然后，在接下来的十年里（已经出版了三本书之后），她仍然依靠写作之外的各种工作来维持生计。20年后，她才真的靠写作为生。在采访中，伊丽莎白透露了一个关于"不惜一切代价"支持作为艺术家的自己的观点。在15岁那年，她对自己的创作做出了一个神圣的承诺。她说："我永远不会要求你在经济上供养我，我会永远供养你。"她承诺，她将从事任何必要的工作来负担基本开销（食品、房租等），这样她的创作就再也不用背负维持基本生活的重担。

史蒂文·普莱斯菲尔德用17年写了17部作品，才赚到了他作为作家的第一笔钱——3500美元的剧本期权，但这部剧从来没有被制作出来。他写了27年，第一部小说《巴格·万斯的传说》才出版。在这些年里，他在11个州做了21份不同的工作。

正如你所知，我有七年的时间，做着一系列小规模的副业，直到我有足够的信心——无论是在情感上还是经济上——完全依靠我的事业来获得全职收入。在这些年里，我抓住了每一个赚钱的机会来支付账单。我扫过厕所。我作为酒保和服务员，轮过数千次班。我的梦想是经营自己的企业，以自己的方式做着我现在所做的工作。我的梦想是如此重要，以至于我愿意不惜一切代价。只要能坚持下去，梦想就一定能实现。

你要培养耐心。不要相信如果你是一个"真正的"_____（艺术家、表演者、活动家、科学家、企业家等），你就会全职以此为生。这样的神话也许有一天出现，但它并非常态，无论你如何努力通常都无法做到那样的地步。有无数优秀的、令人敬佩的人都通过各种不相关的方式来补充自己的收入，比如做家教老师、季节性工作、服务性工作或租金收入。

更重要的是，为了保障自己的生活，你要不惜一切代价。永远不要因为做诚实的工作而感到羞耻。如果说我们生活在一个即刻满足的文化中，那真是太轻描淡写了。不要误会我的意思，我很欣赏科技。但对有些人来说，科技已经毁掉了他们培养耐心的能力。有了智能手机后，你几乎可以按需观看任何形式的娱乐节目。你可以在一瞬间就能接触到一个令人叹为观止的、不断扩充的音乐、艺术、文学和教育资源库。

但是，科技玩具的便捷并不能映射到现实生活中。培养技能、赢得信任、完成一系列作品、建立关系、掌握技巧或解决复杂问题，都需要持续不懈的努力，没有捷径可走。如果你不愿意在较长的时间内（我说的是几年，不是几个月）努力工作，那就对自己真诚地说，这个梦想对你来说并不那么重要。没关系，你可以放下它，向更深处挖掘，找到你愿意坚持和努力的东西，不管需要多长时间。

从知到行

绳锯木断，水滴石穿。

_谚语

1. 想到你的梦想或待解决的问题时，有什么事情是阻止你探索的？是你不愿意做任何不完美的事情吗？或者，如果你愿意的话，使用下面的提示：

   如果我不一定要做得很完美，我就会做 / 尝试 / 开始 ＿＿＿＿＿＿，以接近我的梦想。

2. 如果你专注于进步而非完美，你可能会成为谁？你可能会有什么成就？你可能会学到什么？你可能培养哪些优势和技能？

3. 提前思考（和解决）问题。集思广益，列出典型的挑战、干扰和障碍，这些挑战、干扰和障碍可能会阻碍你取得进步。想一想社交媒体、网络中断、群发短信、不断增加的自我怀疑、错过最后期限、白天家人打来的电话、家里没了食物等。

   比如，如果群发短信打扰了你一整天，一个解决办法是把手机开到飞行模式，或者在专注时间内把手机关机。

   不管是内部问题还是外部问题，都要提前将问题付诸书面，并提前做好应对计划。

4. 将不可避免的自我怀疑转化为富有成效的自我对话。每当你注意到自己负面的内心独白把你带入自我怀疑的深渊时，请使用下面这个技巧，给倾向于消极、死胡同、固定思维模式的想法加上"还"字。为了获得更多的动力，你可以开动脑筋，列出所有你对自己说过的阻碍你前进的负面话语。比如：

   我不善于理财。

   对于写小说，我什么也不懂。

   没有她，我不知道我是谁。

   从来没有人这样做过。

   对于做生意，我什么都不懂。

1 要进步而非完美

我没有什么好的想法。

你可以说下面这些话来替代：

我还不善于理财。

对于写小说，我还什么也不懂。

没有她，我还不知道我是谁。

还从来没有人这样做过。

对于做生意，我还什么都不懂。

我还没有什么好的想法。

你可以在脑海中说出来，也可以写下来。无论哪种方式，这个简单的"还"字，都能帮助你保持成长、学习、进步的心态。

拿起一张纸，写下下面这句话：

今天我能做的让这个项目向前推进的 5 件小事[5]

（1）_____

（2）_____

（3）_____

（4）_____

（5）_____

写下 5 件你今天至少可以做的让自己进步的事情，它们不一定要有里程碑式的意义。只要写出你想到的事情就可以了。如果超过 5 件，那就太好了。然后在这个列表下面，再写上：

　　我现在立刻就可以做的一件小事：_____。

　　从你的列表中选择一件事情，认真写下来，然后把它圈出来（因为圈起来很有趣），大声念出来。去做吧！让自己从困顿中解脱出来。做事情本身就是做事情的秘诀。

　　做得不错，请记住：

　　生活不要求你完美，也不要求你始终无畏、自信、肯定自我。生活只是要求你不断地出场行动。

"所有问题都是可以解决的" 实地记录

　　药物滥用、债务、自杀念头、精神崩溃——"所有问题都是可以解决的"帮助乌拉改变了自我挫败的习惯、摆脱债务，并恢复健康。

　　当时，我在感情上、身体上、精神上和职业上都是一团糟。我深爱的父亲死于脑瘤，我结婚又离婚，搬到了另一个国家，需要重新开始。我陷入了一段充满激情和破坏性的爱情，最后以失败告终。我做了几个错误的商业决定，最后欠下了沉重的经济债务。所有这些导致了我的精神崩溃。当时我 35 岁。

我那时候一无所有。没有伴侣，没有朋友，没有家庭，没有工作，没有动力继续活下去。我觉得自己是最大的失败者，我恨我自己。我强迫自己找了一份轻松的工作来偿还债务和每月的账单，但我讨厌这份工作，也讨厌自己做这份工作。我是个清洁工。我相信自己做不了别的事情，因为我无法忍受面对别人。打扫了几个小时的公寓后，我会回到一个急需装修的小公寓里。我讨厌它。我恨我自己。我讨厌生活。我在想办法结束一切。我喝很多酒，抽很多烟。每天晚上都是一样——喝酒，抽烟，哭着睡去。

有一天，我听说了 *MarieTV*。在我平时下班后的"例行公事"——喝酒和抽烟的时候，我放了一集《当你觉得无用和孤独的时候该怎么做》。玛丽在回答一个十几岁少女的问题。在观看过程中，我一直在哭，欣慰地哭。我觉得我就是那个女孩，玛丽就像直接在跟我说话。

我并没有立即改变自毁的习惯。我还是很讨厌自己，对自己的身份、行为和糟糕处境感到羞耻。然而，虽然我还在抽烟喝酒，但我也看起了 *MarieTV*。每天晚上，我都会看几集。每一天，我的心都会被融化。

有一天，我一觉醒来，决定相信她说的"所有问题都是可以解决的"。我还是不相信自己,但决定相信玛丽。她是最诚实的言行一致的榜样。那天下班后,我没有买酒和烟,而是穿上运动鞋,到公园里去跑步。这并不容易,但感觉是一个重大的突破。

快进到今天,我已经重振自我。我信任、关心自己,与亲友重新建立了联系,并有了一段美好的男女关系。我是 B-School 这个神奇社群的一员。我已经摆脱了债务,正在致力于发展摄影——我的热爱、我的事业。

我不害怕失败和错误。我从中学到了知识,并继续前进。我小步前行,一步一个脚印。学习是我现在生活中最喜欢的一部分。当我有疑问时,我就会想起玛丽,听到她说:"继续走下去,乌拉,一切皆有可能!"

我现在明白,错误和失败是人生的一部分。我们是人生课堂里的学生。我曾在自我怀疑和自我憎恨中循环往复,害怕失败。"所有问题都是可以解决的"触及了我的内心深处,我开始相信它。慢慢地,我开始改变自己的行为,锻炼、健康饮食、冥想。我一直坚持下去,不断地学习,一步一个脚印。它奏效了!我热爱生活,我很感激我还活着。

– 乌拉,荷兰阿姆斯特丹 –

8

拒绝被拒绝

你就是无法击败永不放弃的人。

— 贝比·鲁斯 —

多年前,我处在一个非常艰难的时期。我的事业发展顺利,但我与乔希的关系却陷入僵局,以至于我们接受了针对夫妻的心理治疗。除非问题很严重,否则大多数人不会去做婚姻心理咨询,而我们的问题的确是很严重。当时极大的问题之一是我花太多的时间在工作上。

这是事实。我热爱自己的工作,它是我基因的一部分。它充满创造力,令人兴奋,给人满足感,是我相信自己之所以存在于地球上的一个重要原因。这是我很难面对的问题,有无数我无法否认的证据。那时,乔希和我在一起已经七年了,我们一次也没有一起度假过。是的,我们曾去旅行,但始终都与工作相关——演讲、会议和研讨会。我坐在心理治疗师的办公室里,感到生气、害怕和矛盾。从我的角度来看，我所爱的一件事（我的职业）正在威胁我与我所爱之人的关系。

某天下午，我想到了一个当时我觉得绝妙的想法。如果，在他生日那天我们能去度假，该多好！过一个真正的没有工作只有恋人的假期。我看着我们共同的日历，在我们的日程安排之间，只有短短四天的窗口可以让生日假期计划实现。它需要得到实现。于是我上网，查询、研究各种可能的方案。我定下了一次短暂但精彩的巴塞罗那之旅，那是乔希几年来（准确地说，是七年）一直说想去却从未去过的地方。而现在，我们终于攒够钱可以去完成这趟旅行了。

我们度假的日子到了。像往常一样，我有着满满的日程安排，无法改动时间的电话辅导一直持续到我们需要动身的最后一刻。根据我的计算，我们会准时到达机场。在我完成工作的那一秒，我们就跳上出租车，驶向肯尼迪国际机场。正如往常一样，一个人时间特别紧时，就会赶上交通高峰。我开始流汗，但是即使晚了点儿，我还是觉得我们来得及。我们拿着护照下了车，拖着行李到换票处办理登机手续。

"您好，我们是来办理下午5点45分飞往巴塞罗那航班的登机手续，请……"

柜台后面的女人拿着我们的护照，在键盘上敲打。她皱了皱眉头，看了看手表，拉过来一个同事给他看了看屏幕，然后回头看了看手表说:"很抱歉,弗里奥女士,您不可能赶不上下午5点45分的航班。"

"你在说什么?飞机还没起飞啊!现在才4点50分。"

她说:"很抱歉,您刚刚错过了托运行李的最后时间。遗憾的是,我不能安排您坐明天的航班,因为已经满了,但我可以安排您坐两天后的航班。"

"两天?我们计划的旅行时间就差不多两天!"不不不不不不。"求你了,我们一定要上那架飞机。你一定有办法。"

"很抱歉,这是国际航班,您必须在起飞前至少一个小时检查您的行李。而且您的登机口已经改变了,所以现在的航班从另一个航站楼出发。我真的很抱歉,但您赶不上了。"

时间凝固了。我的心沉了下来,眼睛里充满了泪水。

那句"您赶不上了"不仅关乎错过航班。我侧过脸,看到了乔希脸上的失望,那失望不仅是对这次旅行,也对我们之间的关系。那一刻我就愣在那里,不敢相信所发生的一切。然后,我心中有什么发出了声响。我内心深处更深沉、更睿智的那部分想起了真实的自己。

所有问题都是可以解决的。

所有问题都是可以解决的。

所有问题都是可以解决的!

我转身对乔希说:"把我们的登机牌拿过来,我知道我们可以解决这个问题。"我的右手边是一个楼梯,通往购物广场。我跑下楼梯,首先看到的是一家行李店。我冲了进去,对店员说:"快,我需要你最大的一件随身行李包,现在就要。"

不到三分钟,我就拿着一个崭新的旅行包跑回来了。

乔希拿着我们的登机牌。在候机楼中间,我们开始从大行李箱里拿出所有东西,尽可能多地塞进新的随身行李包里。我们的狂热引起了一阵骚动,以至于两个机场工作人员走过来问我们在做什么。

"我们真的需要赶上这班飞机。我们错过了托运行李的最后时间,所以带随身行李上飞机是我们赶上飞机的唯一办法。"

"您不能把一个空行李箱丢在机场中间,那样会引起大型安检封锁的。"其中一个人淡淡地说道。乔希是解决问题的高手之一,他说:"你继续收拾东西,让我来处理。"然后,他做到了。

我把所有的东西都装进那个背包里,把它塞得满满的,像根香肠一样。我们开始往机场轻轨上跑,因为我们的航班现在是从另一个航站楼出发的。我们在下午5点20分坐上了轻轨,离我们要去的地方还有三站路程。当时我很紧张,试图保持积极的态度,但又不得不承认,发生的这些并不是什么好事。我们在下午5点30分左右到了终点站,这意味着我们还有15分钟的时间,通过安检,到达登机口。

列车的门打开了,我的心又沉了下来。它把我们甩在了一个奇怪的停车场,我们必须穿过停车场才能进入航站楼。而一群7岁的足球运动员和他们的父母以蜗牛的速度走在我们前面。我看着乔希说:"如果这些踢足球的蓝精灵比我们早到安检线,我们就完蛋了。"于是,我和乔希拿起我们的超重"香肠"(至少有40多斤,而且没有轮子),开始在成群结队的7岁足球运动员中奔跑,最终先到了安检线前。

这时,已经是5点35分——离起飞还有十分钟左右。我们脱下鞋子,用最快的速度把所有东西都放上了传送带。我们正要走过金属探测仪的时候,一个年长可爱的美国联邦运输安全管理局安保人员走到我们面前,举起双手,说:"等一下……在这里等一下。"他用怀疑、疑惑的目光上下打量着乔希,说:"你不是那个人吗?是的,是的,是的,你就是电视里的那个人。我在电视上见过你。嘿,乔伊!过来一下。这是电视上的那个家伙,你一定要见他。"

我的脑袋都快爆炸了。乔希亲切地回答说:"是的,就是我。"我说:"太谢谢你了。我无意冒犯,但我们还有不到十分钟的时间赶飞机。"

我们过了安检,已经快到5点40分了,还要跑去登机口。我们查了一下票——我们的登机口是最远的那一个,而且候机楼的走廊看起来至少有半英里长。我对乔希说:"带着你的背包跑吧,不要让那架飞机丢下我们就走。我就在你身后,以最快的速度赶过去。"

乔希拿起背包,沿着长长的走廊跑了下去。我用尽了全身的力气,双手拿起我们那40多斤的超重"香肠",开始奔跑。没过几秒钟,我就汗流浃背了。然后,我开始哭,鼻涕从鼻子里流出来。我无法擦脸,因为我舍不得放下"香肠"。我的脚底像着了火一样,心脏好像要从胸口跳出来。

我转过一个弯。在远处,我看到一个小小的身影上蹿下跳,挥舞着双臂举过头顶。那是乔希!我哭得更厉害了,因为我分不清他是在叫我停下来还是继续走。于是我一直走,一直走,一直走,一直走,一直走,一直走。终于,我跑到了离登机口大约30英尺的地方。乔希和空姐跑到我身边,拿起"香肠",空姐安慰我说:"没事了,你没事了。你成功了。只要深呼吸就好。"我们迷迷糊糊、跌跌撞撞地上了飞机,满头大汗,衣衫不整。我们把"香肠"塞进了头顶的行李放置处,倒在座位上。

我抓住乔希的手,看着他说:"亲爱的,我们会成功的。我真的认为我们会成功的。"我们深吸一口气,系好安全带。这时,扩音器传来了机长的声音,"晚上好,女士们,先生们,欢迎搭乘1125航班。不幸的是,由于风速过大,空中交通管理局让我们继续停留在登机口。看来我们至少要再过一个小时才能起飞了。所以,请坐好,放轻松,我们会尽快预备起飞。"

随后,我们还错过一次转机,租了一辆车,在七小时的车程后，终于到了巴塞罗那。

很显然，这是我个人的一个故事，一个我不惜一切代价挽救婚姻关系的故事。但重点是，有时候解决问题需要你拒绝被拒绝。父母、老师、批评家、朋友、爱人、空姐、同事、老板、文化或社会说"不，你不能"、"那是不可能的"，或者"不，这里规矩不一样"，并不意味着你必须接受他们那个版本的现实。

你不会永远胜利，但你永远不知道什么是真正可能的，除非你去尝试。要养成质疑规则的习惯，谁能预测你在拒绝被拒绝时，会形成出什么样的优势、能力或观点？这是一个必须不断重复的行为，无论是小事，还是大事。在我们生活或文化的任何一个方面做出持久的改变，都是一场长期比赛。

百万位科研人员在抵达突破性发现的路上要经历几年甚至几十年"失败"的实验经历；学生在努力成长和学习的过程中，会犯数不尽的拼写错误、数学计算错误；艺术家和运动员在达成伟大成就之前也要花数年时间面对拒绝和失败；在美国，性少数群体的活动家在遭受了无以计数的痛苦和损失后才迎来美国联邦最高法院判定同性婚姻是美国宪法规定的权利——在实现社会平等的问题上，我们要走的路还很漫长。

从个人到全球，如果解决一个问题真的有那么重要，就不要太早放弃。正如玛格丽特·撒切尔所说："为了赢得胜利，你要打的可能不只是一场战役。"

如何结束一场战争

> 现实是等待我们去超越的。
> — 丽莎·明尼里 —

1972年,一位名叫莱伊曼·古博韦的年轻女子在利比里亚蒙罗维亚出生了。那时候,那里是西非极繁华而有活力的地区之一。长大后,她想当一名医生。但高中毕业后不久,一场残酷的内战爆发了。莱伊曼和她的家人被迫逃到了加纳的一个难民营,在那里,她的生活陷入了持续的混乱、恐惧和难以想象的痛苦之中。1991年战事平息后,莱伊曼回到蒙罗维亚。几年后她生下了一个儿子,并发现自己陷入了家庭暴力和虐待的噩梦之中。

战争给所有利比里亚家庭,特别是年轻妇女和儿童造成了巨大的伤害。叛军和政府士兵把强奸和谋杀作为武器。莱伊曼受训成为一名心理创伤咨询师,与前儿童兵一起工作。这是她将痛苦转化为行动的第一个有力步骤。她发誓要重建自己的生活,为自己、家人和社区创造一个更美好的未来。

1999年,第一次内战开始后近十年后,战争再次开始了。生活又一次变得难以忍受。她的家暴伴侣已经离开了她的生活,但她仍然面对着难以想象的可怕之事——满载着武装强盗的卡车;孩子们在光天化日之下被抓走,被迫战斗;邻里们用手推车把伤员抬到临时诊所。一听到战士接近的声音,莱伊曼和她的家人就会惊恐地跑进家里。在她那本出色的书《我们的力量是强大的》(Mighty Be Our Powers)中,她回忆说:"男孩们围着宽大的印花围巾,穿着超大的牛仔裤,穿过一栋栋房子,抱着枪,以色眯眯的目光上下打量着我们,并说着'总有一天,我们会回来的'"。

莱伊曼开始深入研究和平建设领域,重点研究耶稣、马丁·路德·金和甘地的哲学。她的决心和愤怒超越了无望。2003年,她帮助组织和领导了利比里亚群众性和平行动,成千上万的基督徒和穆斯林妇女聚集在一起,为和平事业游行。她们穿着白T恤,戴着白发带,坐在镇上的空地上公开抗议。她们的信息简单而明确:她们要求和平。

她们见到了人性最恶劣的一面。她们不知疲倦地努力,采用了她们能想到的任何策略或战术,包括一次性罢工——帮助她们赢得了急需的国际媒体的曝光和支持。日复一日,一周又一周,妇女们一起坐在田间地头抗议。莱伊曼写道她们在蒙罗维亚战地抗议时候的日子:

> 大热天里,从黎明到黄昏。在酷热的日子里做自己的工作是一回事儿,坐在原地一动不动、被太阳炙烤则是另一回事儿。那是一种折磨。我的脸被晒得前所未有的黑,许多女人都出了可怕的皮疹。痛苦中也有一种有力量的东西——你

的身体被考验，但你这样做是有原因的……雨从黎明下到黄昏。利比里亚是世界上最湿润的国家之一，雨就像从消防枪中喷出的水一样打在我们身上。当洪水冲入田地里时，我们坐立不安……

我们每天都在那片田地上，每一天。我们拒绝离开，拒绝我们的苦难被人无视。如果人们一开始不把我们当回事儿，那我们会用我们的坚持改变他们的看法。

最终，莱伊曼和其他和平抗议者获准与利比里亚总统查尔斯·泰勒会面。虽然起初，这次会面看似是一个进步的迹象，但实际没有发生任何改变。暴力事件愈演愈烈。有一天，在又一轮爆炸和野蛮的谋杀之后，莱伊曼的内心破防了。她感觉到一股怒火在她体内升腾，这是她从未有过的感觉。她将这种爆炸性的能量转化为行动——她组织了数百名基督徒和穆斯林妇女前往加纳。她们包围了最近一轮停滞的和平谈判所在的酒店。等到午饭时间，近两百名妇女冲进大楼，组成人肉路障，阻止男人离开，直到他们达成和平协议。

保安人员试图逮捕莱伊曼，但她又使出了另一招。她威胁要脱掉自己的衣服。根据传统信仰，这个举动会给这些人带来诅咒。这一招起了作用。几周内，利比里亚战争结束了，泰勒总统流亡。莱伊曼的勇气为非洲首位女性国家元首埃伦·约翰逊·瑟利夫铺平了道路。2011 年，莱伊曼因协助结束利比里亚内战而被授予诺贝尔和平奖。

在无数次的试炼和尝试中，莱伊曼表现出了深不可测的力量、坚韧、勇敢、责任感、韧性、创造力和决心，她的故事说明了不惜一切代价的意愿所带来的超凡力量。无论什么事，无论如何，都要想尽一切办法去解决，拒绝被拒绝。我们看到了当一个人愿意冒着一切风险、不惜一切代价的时候，奇迹就会出现。这些英勇的女人结束了一场战争。

如果你略过了最后一句，让我重复一遍：这些英勇的女人结束了一场战争。她们是在没有大炮的情况下完成这一壮举的。没有官方的政治力量，没有暴力冲突。如果这还不能证明所有的事情都是可以解决的，我不知道还有什么可以证明。莱伊曼说："我相信，我也知道，如果你对自己、对你的姐妹、对改变的可能性有不可动摇的信心，就几乎可以做成任何事情。"

拒绝承认失败

如果你什么风险都不肯面对，就只会冒更大的风险。

— 埃丽卡·容 —

我们公司有一个习惯做法，叫作压力日志。这是一个简单的练习，就是把反复出现的压力源写成书面清单。我们的目标是通过这个清单，设计出系统性解决方案，尽可能地消除或改变压力的来源。有一次，我们的管理团队做了一份集体的压力日志，发现我们的业务中一个重要的压力源就是预订拍摄 MarieTV 的外景地。每当我们想拍更多剧集时，我们就必须找到并租下一个摄影棚，搭建好布景，拍完后再把所有的东西都拆除，把制作设备存放起来，直到下一次拍摄。作为一家虚拟公司，这对我们的时间和资源造成了很大的消耗。我们决定，要成立自己的工作室，这样不仅可以减轻压力，还可以创造更多的机会来制作更好的作品。

我住在纽约市，所以知道这个解决方案可能有多难、多贵。我以前没有租商业地产的经验，也不知道有谁租过。但这都是可以想办法解决的，所以我们就投入其中了。我们找到了一家商业地产中介，开始看房。我的担心很快就被证实了。在我们的预算范围内，没有太多的选择。我看到的空间都很简陋，价格也很高。我一直在寻找，一周又一周地看了几十个不合适的地方。我们开始失去希望。

然后有一天，我收到了一封关于一个新地方的邮件。照片看起来很不错，真的很不错，而且离我的公寓很近。最重要的是，转角就是我最喜欢的酒吧。当我和我的经纪人一起到达那栋楼时，我的身体里有东西在尖叫："是的！就是这里了，这就是你应该去的地方！"大楼的管理员，一位叫帕特里克的和蔼可亲的男士，带我们参观了一下。我能想象到我的团队在这个空间里拍摄的情景，于是越看越兴奋。看到我兴致勃勃，帕特里克提醒我，其他几家公司也有兴趣租赁这个地方。

我们一走，我就让经纪人提出了一个有力的报价。我能从骨子里感觉到，这就该是我们的地方。那是一个星期五的早晨。日子一天天过去了，什么也没有发生。提醒一句，曼哈顿的商业地产市场变化很快。几天都没有消息，不是个好兆头。在接下来的一周中，我终于从我的经纪人那里得到了消息。业主拒绝了我的报价，转而选择了一家科技公司，他们已经在谈合同了，一拍即合。我败下阵来。我需要继续前进。

但我做不到，我的内心深处有一种东西令我无法放手。我感到好奇。我问我的经纪人为什么我被拒绝了。为什么我会输给那家科技创业公司？我们的报价有什么可以改进的地方？经纪人窘迫地坦言，我的报价还可以，但业主并没有完全理解我的公司是做什么的。显然，他也不相信我的公司有稳定的业务（请注意，我还没有透露我的财务状况，我的财务状况固若金汤）。有人告诉我，对手公司的技术男给了他更多的信心。当我听到这句话时，泽西玛丽（我的另一个自我）说："不，不能这样。"于是，我决定写一封信给业主，清楚地说明我们公司13年的历史、我们的使命、我们的服务对象、我们帮助人们创造的成果，以及我们打算使用这个空间的详细计划。我把我的心思、智慧和说服力都倾注在那封信上。写完后,我去到那栋大楼,亲手递上了信。

我到的时候,帕特里克就站在外面。他用温暖而又惊讶的微笑迎接我。

"不知道你还记不记得我,上周五我和我的经纪人一起来看了一下空着的办公室。我很想要它,但听说业主已经在和一家科技创业公司谈判了。我写了这封信,需要在他们完成交易之前把信交给他。你能帮帮我吗?"

"嗯,他现在不在这里。"显然,帕特里克感到措手不及,我的直接让他有些不舒服。

"拜托了,帕特里克。我知道你一定有他的电话。你能给他打电话吗?能现在就打吗?不会超过两分钟。这真的很重要,我必须尽快把这封信给他。你是我唯一的机会了。"

他不情愿地拿出手机,给业主打了电话。我站在那里,听着帕特里克尴尬地试图对业主解释说,一个陌生的女人需要给他一封非常重要的信,很着急。从帕特里克的语言变化来看,很明显,业主对这个出其不意的电话很不满意。

尽管如此,帕特里克还是收下了我的信,并同意把它转给业主。我再次感谢他的帮助,然后离开。又过了四天,还是没有任何回应。到周末了,我几乎接受了这次尝试失败了的事实。虽然我很失望,但我也对自己的努力感到满意。我已经尽力了,做了我能做的一切。我相信一定有一个更好的地方,并决心不惜一切

代价找到它。星期一早上,我被我的经纪人发来的一封邮件惊醒:

嗨,玛丽:

刚才业主的经纪人联系我了。业主看了你的信,想和你见面。我不知道目前的谈判情况,但这对我们来说是个好消息,因为这很可能意味着一个突破口……让我们把握住这个机会吧!

哇!

我立即安排了一次面谈。事实证明,那家科技公司并不像业主最初想象的那样稳定。我带着开放的心态、热情、无懈可击的财务状况,以及尊重和爱护这份地产的承诺,与业主见了面。长话短说,我们成功了。

事实证明,这段经历对我们团队来说是一个真正的转折点。我们不仅解决了一个令人疲惫的压力源,而且我们的工作室也成了一个充满欢乐、创造力和变革的工作空间。我们用它拍摄了大量节目、播客、直播、网络研讨会和培训项目。它让我们能够以一种以前不可能的方式进行更大型的思考和创作。帕特里克也成了我们极爱的同事之一。

虽然我知道面对阻力时要坚持不懈很重要,这也是我需要继续努力坚持的一个习惯,但时至今日,我仍然要击退脑海中的那个声音,它会说"你不能这样做,那太过分了,玛丽",还会说"你太_____了"。

直接

苛刻

咄咄逼人

强势

有控制欲

出乎意料

大声

小白

粗俗

古怪

情绪化

……

幸好,我最聪明的那部分(咳咳,泽西玛丽)经常会出来,并且占领上风。她最喜欢的回应是:"忘记所有的胡扯,去争取你想要的东西。"

虽然我相信每个人都应该质疑规则、挑战现状,但这对女性来说尤其重要。我们正在与一种文化做斗争,这种文化千百年来一直致力于羞辱、控制我们，令我们沉默。我们中的许多人从一出生就被培养成要压制欲望、削减力量、隐藏能力、否认自己情感并做个"好人"。

但你不是为了被控制而生的。你生来是为了创造、为了治愈、为了改变，永远不要为此而道歉。如果不制造任何波澜，你就不会有所作为。

谢谢你不相信我

> 在我所处的每一个岗位上，都有不相信我有资格或能力的人，我觉得我有特殊的责任去证明他们是错的。
> —— 索尼娅·索托马约尔 ——

> 作为一个艺术家，你需要反对者和不相信者来为你的创作之火添柴加油。
> —— Ice-T ——

是否曾经有人对你的目标、项目或想法说过什么可怕的话？他们的话就像一拳打在你的肠子上，让你觉得"怎么可能有人会这么刻薄"。我就有，而且很多次。这种情况一直持续到今天。

当你开辟新的道路并做出改变时，你会遇到源源不断的批评、评判，甚至嘲笑。它可能来自你的内心，你的亲人、朋友、导师、同事、陌生人，以及互联网上的吃瓜群众。重要的是，你要认识到：（1）这很正常；（2）你有足够的能力去处理；（3）有时候，一句话可能是点燃你、激发你的最好燃料。

我来给大家讲一个我在一次大型商业会议上的有趣遭遇。当时，我的商业项目 B-School 离首次推出还有几个月的时间，我非常兴奋，很想认识新的人、学习新的理念。我把参会证件挂在脖子上，紧紧握着我的大塑料夹子，一心寻找推广伙伴，并尽我所能地把我的新课程宣传出去。

在会议的第一天，我在酒店乘扶梯上楼到主宴会厅的时候，有个人——也是那次会议的参会者——向我做了自我介绍，问起了我的生意。我很兴奋地和他分享了我的业务。我向他介绍了我的新项目，告诉他这个项目的使命是给创意人士和小企业主提供他们所需的技能，让他们在网上诚信地进行营销和销售。我说，商业教育可以是愉快的、注重心灵感受的，甚至是有趣的，同时产生巨大的效果。

他笑着说："真的吗？那是真正的生意吗？你真的能挣到钱吗？得了吧。这不就是个爱好吗？说实话吧，你应该是有一个有钱的男朋友或丈夫来给你买单。"

有那么几秒钟的时间，我无语了。这个浑蛋是认真的吗？我是坐上了一个噩梦般的时光机穿越了吗？因为我是在 2009 年，不是 1909 年。我的血液沸腾了，我忍住没有抓着他的衣领把他扔下自动扶梯。

虽然那一刻我被他的话气得火冒三丈，但我也很感谢那次互动。我感谢他不相信我和我的想法。为什么要感谢他？因为他的话为我提供了动力，让 B-School 取得了更大的成功。他公然的无知再次证实了我试图帮助企业主（尤其是女性）掌控他们财务命运的使命有多么重要。在那次会议上，我更加努力了。我本来就很投入，但在那次交流之后，我变得所向披靡。

当人们玷污你梦想的时候，你就要成为一个炼金术士，把消极的东西变成富有成效的黄金。胡言乱语都是好肥料。是的，我知道想证明别人错了不是健康的长期动力来源。但当下，我们要用我们手头所拥有的资源来工作。拒绝被拒绝，意味着要为自己站出来，保护自己的梦想。

澄清下，我不是在说让你过度敏感到不寻求学习、成长和提升自我所需的批判性意见的状态。采取守势和变得坚定之间是有区别的。这关乎成熟、辨别力，最重要的是，关乎你对你所有资源的分析、审视。

并非所有的批评都是对的

> 讨厌你的人是困惑的崇拜者,
> 他们不明白为什么别人都喜欢你。
>
> —保罗·科埃略—

只要有创造,就会有批评。

在公开分享我的作品 20 年后,我很熟悉人们憎恨和否定的态度。我也被成千上万的读者问过如何应对对批评的恐惧。下面这些问题听起来是不是很熟悉?

我害怕批评和评判,以至于不敢公开说出我的想法。我很难把我的工作和我的自我感觉分开。

我怕别人发现我是个骗子,其实我不知道自己在做什么。

我知道每个人都有权利发表自己的意见,但如何才能让它不对你造成负面的、伤害性的影响呢?

玛丽,你是如何应对批评的?你总是躬身入局、抛头露面!

总是如此!

俗话说:"要避免批评,就什么都不要说,什么都不要做,什么也不是。"但这还不是全部，因为无所事事的人一样也会受到批评——他们会因为懒惰无为而受到严厉的评判。批评和评判是生活中自然的一部分。不要抵制这个事实，拥抱它。

事实：你现在已经在被人评判

这是真的。陌生人评判你，几乎不认识你的人评判你，真心爱你的人也在评判你。他们评判你的样子，评判你的生活，评判你选择做什么或不做什么，评判你吃什么、不吃什么。人们评判你穿什么衣服、听什么音乐，你的政治观、个人信仰，你如何花钱，你如何养育你的孩子，你开什么车，你住在哪里，你崇拜谁，以及你爱的人。

如果你是诚实的，你也会对自己进行评判。你经常对自己说一些刻薄的话——你太慢、太老、太年轻、太胖、太没有安全感、太害羞……你也会对别人进行评判和批评，即使你本不打算那样做。人类是评判机器。我们的判断往往是有偏见的，而且是不准确的。那又如何？关键是要有一种幽默感。不要把它个人化，不要纠结于它，也不要沉溺于它。

事实：你所爱的一切，都会被别人所鄙视

> 我有好几年没完成任何事情了。
> 因为，当你完成一件事的时候，你就可以被评判了。
> －埃丽卡·容－

对于这个世界上每一件你认为非凡的事物——电影、书籍、食物、喜剧演员、电视节目，都有人讨厌它。这就是为什么大多数的批评都是没有建设性的，甚至是不值得听的。那只是某些人的意见。你知道他们是怎么说的吧？意见就像后庭，每个人都有，而且大多数都很臭。

假设你爱吃巧克力，但你有个朋友鄙视巧克力，这是否意味着巧克力很烂？不，这意味着有个人不喜欢巧克力。巧克力制造商不会因为这个而失眠。他们的工作并不是让那些讨厌巧克力的人变成巧克力爱好者。他们把注意力集中在原本就喜欢巧克力的人身上。

塞斯·戈丁指出，在《哈利·波特与魔法石》的21000多条书评中，有12%的人在亚马逊网站上给它打了一到两颗星[1]，这意味着至少有2500人认为这本全球流行的著作很烂。你认为J.K.罗琳会因为苛刻的评论而落泪吗？不大可能。估计她太忙于用她的艺术作品来激励人并赚取数十亿美元的收入了。

每个人都有权利发表自己的意见。但意见是主观的，有些人不喜欢你做的事，不代表别人就不喜欢。一个人的意见不是真理，那是他自己的真理。把时间和情感浪费在你不认识、不尊重、不服务于你的人的批评上是不明智的。

我的作品当然不是为所有人准备的，它只适合像你这样有创意的厉害角色。

事实：你越在乎别人的看法，就越容易被他们控制

> 喜欢我不是你的事，而是我的事。
>
> — 拜伦·凯蒂 —

为什么你的感受要取决于别人脑子里的想法？

永远不要给任何人控制你情绪的权力。不要给你的父母，不要给你的配偶，不要给你的兄弟姐妹、朋友、同事，甚至是你的孩子。绝对不要给政客，更不要给互联网上的键盘侠。你要认识到人们会想说什么就说什么，但你不需要接受它，也不需要让它有权力来毁掉你的日子。安娜·罗斯福说得最好，"没有人可以在没有你的同意之下让你感到自卑"。

你在这个星球上的时间很宝贵。这样想一想吧：你会允许有人走进你的房子，蹲在你的客厅，留下热气腾腾的一团东西弄脏

你的地毯，然后走出去，留你自己去清理它吗？我希望你不会。当你听到讨厌的、毫无根据的批评时，否认它，坚决拒绝它，说："不，你不能击败我。我不会给你这个权力。我不允许任何人在我的客厅里拉屎。"

事实：善用有助于你的因素，放下其他的

当涉及批评的反馈时，不要脆弱到错过可以帮助你学习和改进的信息，而要有足够的力量从批评者身上提炼出价值（如果有的话）。下面这些问题会对你有所帮助：

这里面有什么可能是真的？
这里面有没有什么部分可以让我成长和做得更好？

支持和关心你的人通常会在你征求他们的意见后，私下与你分享建议。即使是批评，他们也会以支持而非阻碍你成长的方式告诉你。我身边最亲近的人就是这样做的。我很感激他们为我着想，我也努力为他们做同样的事情。

如何应对他人批评

1. 始终思考源头

我所敬佩或尊重的人从来没有对我说过一句伤人的、尖锐的批评。大多数成功的人没有时间去严厉地批评别人,因为他们太忙于创造改变和过自己的生活了。

最严厉的批评者往往是缺乏安全感、没有成就感的懦夫。他们是生活中的旁观者。他们不冒险,也不创造。正如小说家恰克·帕拉尼克所说:"攻击和破坏一个创作行为很容易,但执行创造行为就难得多了。"记住,要退一步,考虑一下源头。批评你的人是否有你尊重的作品?他们是否是你真正敬佩的人?如果不是,在把他们的意见放到心上之前,请三思。

2. 可以伤心,但不要生气

试想一下,一个人的生活得多痛苦、多悲惨,才有时间那么刻薄。当人们撕毁别人的时候,他们在广播着关于自己的以下内容:

他们几乎没有什么同情心、同理心和情商。

他们很闲,这意味着他们的工作表现不佳。

他们渴望被人关注。

他们的生活充满了伤害和痛苦。

为他们感到伤心,而不是生气。同时,绝对不要用他们的攻击来塑造你的创作。

3. 开怀一笑吧

有人曾对他们认为的我工作中最重要的一个方面进行过这样热烈详细的讨论:

问:有人知道玛丽的头发有多少是假的吗?我猜她甩在肩膀上的那些鬃毛有70%是假发。

有人答:错了!我觉得应该是80%左右。我一直觉得她那一大堆假发很让人分心,而且居然还有人夸赞她的头发很好,那明显都是假发。她的天然头发只有她脸部周围的那几层,我从未见过她的头发长过肩膀。

她的天然头发一点也不浓密。她通过尽量弄蓬松靠近头皮的头发来掩盖这一点,让头发看起来更饱满。(这一点即使在没有加长的照片中也很明显。)

讨厌的家伙们，你们看好了，我的头发都是天然的。

人们花时间和精力互相评判，尤其是对长相，这实在是太糟糕了。但我决定在我的节目中拿我头发的真实性开玩笑。当然，虽然我遇到过更严厉的批评，但能把网络上小人的小气曝光，用笑声来消除他们的恶趣味，会更有趣。①

金科玉律：生气、情绪激动时千万不要回复他人。

在社交媒体刚开始流行的时代（我说的是2008年末的时候），有一天晚上，我被安排在一个以创业者为主题的推特聊天群中做嘉宾，活动晚上9点开始。当晚早些时候，我去参加了一个社交活动，喝了一杯极好的解百纳葡萄酒。我一回到公寓，就到了登录推特的时间。我记得我坐在办公桌前，在黑暗中，心想着晚上9点又要开始工作了，真是太奇怪了。前七分钟十分愉快顺畅，我分享资源，发着精辟的回复，开着玩笑，很开心。直到，一个喷子跳进了我们的讨论。

白天不喝酒的玛丽清楚地知道不该和喷子打交道。她通常都是有眼光、有同理心、有自制力的。但只喝了一杯葡萄酒就足以让她的这些特质被抛到脑后。泽西玛丽接替了她的位置，用她典

---

① 当然，网络上的恶趣味和批评与严重正式的恶意、暴力、死亡威胁是有本质区别的。如果真的有人如此威胁你，你一定要诉诸法律。

型的、粗犷而口无遮拦的方式回答了。我的嘲讽和回击，虽然对我来说很有趣，但也很刻薄。那一刻的我远非最好的我。第二天早上，我回头看了看那些言论，对自己的行为感到了后悔。我给自己立下了一个承诺，以后再也不在生气或情绪激动的时候回复他人。而且如果我喝了哪怕一小口酒就绝对不碰键盘。那是十几年前的事了，从那以后，我就从未违背过我的承诺。在我们的现代文化中，每一条微博、每一个评论、每一个帖子都在记录着我们的历史。

目的是你坚持不懈的动力

> 在这个有很多事情要实现的世界里，我强烈地感觉到，一定有什么事情需要我来做。
> — 多萝西娅·迪克斯 —

莱伊曼着手制止战争，并不是为了个人荣誉。她的愿景板上没有写着"赢得诺贝尔和平奖"。她坚持不懈地克服了难以想象的困难，为她的家人、她的社区，以及未来的几代人创造了更美好的生活。我为我的团队争取办公空间时，并不是因为我觉得这样做会让我们看起来很酷，而是因为我无法忍受眼睁睁看着我的团队承受巨大压力。另外，我们有很多有创意的想法来更好地服务于我们的观众。我知道拥有一个专门的空间才可以帮助我们完成使命。还记得在扶梯上遇到那位浑蛋先生后,我有多兴奋吗?那不仅仅关乎我个人。我觉得自己有责任为那些在任何地方都被低估的女性出气。即使在肯尼迪国际机场,我的根本动机也不是为了度假,而是我对乔希的诚意、我们的爱情和我们的关系。

你想让自己能力超强,无论遇到什么挫折或障碍,都能坚持下去吗?确保你的梦想与除你之外的东西联系在一起。努力成为最好的自己是一回事儿,但当你为了别人的利益而竭尽全力时,你就会几乎势不可挡。超越个人利益的更大、更广阔的目标是我们生命的意义所在。目的是你坚持不懈的动力。动机非常重要。

如果你的梦想只是为了个人利益——名声、金钱或权力,你最终会耗尽你的精力。即使你成功地实现了目标,你也会觉得赢得很浅薄。你会想:"就这样吗?真的就只有这些吗?"

衡量我们生命的标准并不取决于我们为自己取得的成就,而是取决于我们对他人的分享、付出和贡献。当你的梦想与除你之外的贡献联系在一起时,比如对家人、同事、同伴、社区或你深信不疑的事业的贡献,你就会释放出潜藏在你体内的力量、耐力和勇气。最重要的是,你会体验到更大的意义和成就感。

澄清一下,对自己有梦想是很了不起的。我们都是从那里开始的,只是不要止步于此。把你的梦想与更大的益处联系起来,将滋养你的灵魂,并提供你拒绝被拒绝时所需的情感力量。

从知到行

只要我们坚持的时间足够长,就可以做到任何我们想做的事情。

_海伦·凯勒

千万不要放弃努力去做自己真正想做的事情。如果你有爱和灵感,我想你不会出错的。

_艾拉·费兹杰拉

1. 写下至少一个你拒绝被拒绝并找到方法绕开限制的例子。任何一个例子都不会太小或微不足道。请尽可能多地列举出你能想到的例子,以及你从拒绝被拒绝中学习到了什么。

2. 在通往大梦想的路上,你是否已经被拒绝过?你做了什么?重新审视一下那个拒绝,然后头脑风暴,想出七种方法来绕过它,继续前进!

3. 如果你将你挑战权威、质疑规则或拒绝失败的频率提升10%,可能会产生什么积极的结果?

4. 想象一下,你害怕的批评真的会发生吗?你可以用哪三种建设性的、健康的方式来应对?你心中最棒和最好的自己会如何回应——如果存在这样一个自

> 己的话？请随意采用我的规则——永远不要在愤怒中（或者在喝了酒之后）回复。一个清醒的计划，可以让你避免痛苦和后悔。
> 5 写下如果完全不惧怕别人的评判或批评，你会做的十件事情，然后选择一件去做。
> 6 你如何将你的梦想或目标与除你之外的东西联系起来？是否有一个家庭成员、社区或事业可以让你为其服务？原因可以令结果更有力。

"所以问题都是可以解决的"实地记录

在被14家护理机构拒绝后，"所有问题都是可以解决的"哲学让她为患有早发性阿尔茨海默病的弟弟找到了一个优秀的治疗机构。

我可爱的弟弟克雷格患有早发性阿尔茨海默病。他在护理环境中变得暴躁不安，有时甚至有暴力倾向。我必须为他找到一个能为他提供恰当服务的新护理机构。

我从墨西哥的老家飞到俄亥俄州，原以为花一个星期就能搞定，结果花了一个月的时间。

我走访了 30 多家机构，被 14 家拒绝。随后，我让他住院治疗以稳定他的病情，同时协调社工和医生之间的沟通。

"所有问题都是可以解决的"这个想法和口号帮助我坚持下去，让我去研究、去探索，驱除了限制着我的无助感。我当面跟进每个人，而不是通过电话或邮件。每当我听到"不"的时候，我都会征求他们的建议。我向每个人征求意见和推荐，除了发邮件表示感谢，还当面感谢他们。我控制住了自己的情绪，这样我的大脑就可以继续工作。我的这种能力很大程度上要归功于我重复对自己说"所有问题都是可以解决的"。

当地最好的医院说，6 个月后，他们才能接受新的转院病人。我很失望，但下定决心要让弟弟入院。我用我能想到的一切理由，不断地与接收病人的医院负责人联系。我亲自去医院确定他收到了我的文件。几天后，我又亲自去问了一下我们在等待名单上的具体排号。

后来，因为我弟弟需要调整药物，我再次前去医院，将这个情况告知接收负责人，并询问等待的情况。他告诉我，他们最近腾空了一个床位，我弟弟有可能符合条件。

| 拒绝被拒绝

第二天,当我准备离开医院的时候,我接到了一个神奇的电话。是的!当地最好的阿尔兹海默病疗养院里有床位可以接收我亲爱的弟弟了!我的弟弟现在在一家优秀的医疗机构里接受着最好的照顾,这让我很安心。

- 珍妮特,墨西哥 -

9

世界需要你的独特天赋

> 有一种活力、一种生命的力量、一种复苏力通过你转化为行动，因为在所有的时间里，只有一个你，这种表达是独一无二的。如果你屏蔽了它，它将永远不会通过任何其他的媒介存在，从而消失。这个世界不会拥有它。你的责任不是决定它的好坏，也不是与其他任何表达方式进行比较。你的责任是，把它清楚、直接地表达出来，并一直保持渠道畅通。
>
> — 玛莎·葛兰姆 —

在我和乔希交往的早期，乔希会去外地工作，回到家后发现垃圾桶里塞满了快餐品牌的空罐子和卡夫奶酪的盒子。然后，他会给我吃维生素补充剂，建议我们开始喝鲜榨果蔬汁。

我那时候有四份工作，没有一点多余的钱。我可没时间学他那种热爱燕麦片的生活方式。他一直都很善良地坚持劝我，而我一直都很固执。我不愿意,那太贵了!太奇怪了。请把通心粉和奶酪递给我。

几年后,我认识了克里斯·卡尔,一个癌症科普促进者和健康偶像。她盛赞果汁、超级食物和植物性饮食的好处。"乔希,我遇到了一个了不起的女人!她好厉害,写了所有这些畅销的健康书籍——看看这些果昔冰沙、绿色果汁和沙拉的菜谱。我们需要这个榨汁机,而且她说我们应该食用这些补充剂。我们真应该在几年前就开始这么做了。"

可想而知,此刻乔希把脸埋在手掌里。

"玛丽,你一定是在跟我开玩笑吧。这件事我已经跟你说了好几年了,为什么你当初就不能听听我说的呢?"

这就是问题的关键所在。

你追寻梦想的最大障碍之一就是你错误地认为"都有人做过,这些都不新鲜了"。你不相信自己有什么原创性的、有价值的或值得贡献的东西。你不觉得自己很特别,也不觉得自己有天赋,值得把自己的声音发出来。

是时候澄清一下,换个思路了。

无论你认为一个想法或创意在这个世界上被分享了多少次,有时就是需要有一个人在合适的时间、合适的地点,用自己独特的声音把它表达出来,才能使其真正发挥作用。

对一些人而言,你就是那个人。

有多少人在你之前走过，并不重要。你认为同样的事情有多少个版本已经存在，或者已经被更有才华、更有资格、更有名的人做过，这都不重要。忘了这些吧。地球上有超过77亿人（还在计算中），人类的需求、观点、问题、喜好、欲望和品味都是多种多样的。所以，总会有空间容纳更多，总会有空间给你。

不要放弃释放自己的力量

每一个人都很重要，每一个人都要发挥作用，

每一个人都在创造不同。

— 珍妮·古道尔 —

其他人没有，或者说永远不会有你所拥有的独特才能、优势、观点和天赋。请记住，你是宇宙中的一个一次性大事件。

别浪费你的独特之处。

你拥有一种与生俱来的力量来创造改变——无论是在你的生活中，还是在别人的生活中。这种力量并不存在于你之外，也不是你可以买来或借来的。你已经拥有了它，它就在你心中。

我相信就是这种内在的力量让你找到了这本书。你现在在阅读这一章的全部原因，就是你想把一些东西带到你的生活中。

话虽如此，有一点你必须明白：当你有一个想法、一种可能性、一个最微小的为自己或他人的梦想,而却没有尽一切努力去实现它时,你就是在剥夺、偷窃那些最需要你的人的东西。

没错,我说的是剥夺、偷窃。

有无数的人需要你的天赋,只有你拥有的天赋。在这一世,你要为他们奉献自己的天赋。如果你不动身去做你内心一直告诉你要做的事情,这个世界将失去一些真正不可替代的东西——你。

你。

世界将失去你独特的声音,你独特的能量,你独特的想法、故事和观点。隐忍不发,自甘堕落,你就是在剥夺无数人,使他们无法享受到只有你付出独特贡献后才能有的美好、快乐、治愈和成长。

也许你正在剥夺未来的客户或粉丝的东西,他们正等待着你梦想着将要创造的_____(书、歌曲、故事、电影、小说、即兴喜剧、演讲、非营利组织、教育平台、面食、T恤、软件等);也许你在剥夺孩子、爱人、同事的东西,因为他们没有得到完整的你——最活泼、最可亲、最有趣的、最自信的、最坚强的、最有爱的你;也许你正在剥夺还未到来的人类后代的东西,因为你不愿意治愈伤口或打破一个必须打破的循环,以使其他人拥有更好的生活。

当我们中的任何一个人否认、压制或贬低我们的天赋时,这些天赋就会变质成一种毒药,会从里到外把我们活活侵蚀。我们会变得恶心、昏昏欲睡、痛苦、愤世嫉俗、愤怒、上瘾、脾气暴躁、吹毛求疵——这还只是个开始。永远不要忘记，希特勒曾经是一个受挫的艺术家。

想想在你的一生中，所有给你带来价值、快乐或成长的事情——每一首让你心跳不已的歌，每一部让你大笑、大哭或拓展你观点的电影，每一个激励你追求更多的运动员或艺术家，每一个让你的生活更轻松的发明，每一家拥有一道让你欣喜若狂的菜的餐厅，每一本让你开阔眼界的书，每一位以其言行或领导力引导了你的老师、导师、邻居或朋友，或者任何一种提升你生活质量的技术（如电、无线网、摄像头）。

想象一下，如果所有那些出色的人都不曾听从灵魂的召唤，不曾琢磨、参悟自己的梦想，不曾创造、贡献和分享，世界会怎样？我要对你说一句话：

这个世界需要那份只有你拥有的特殊天赋。

这是真的，你也明白。你从小就懂得这一点。你感到你的内心有一些特别的东西，一些独特而非凡的东西。你，也只有你，来这里是为了创造和表达。相信这种感觉，这是你的生命力、你的天赋、你迫切渴望实现的命运。

发现、发展和分享你的天赋，是你来到这个世界的全部原因。

我相信这也是我们任何一个人在这个世界上的全部原因！为了彼此，为了创造和奉献。

澄清一下，你的天赋不一定要有很大的规模，也不一定要有史诗级的影响力。所有的贡献都是必要的，也是有价值的。现在，你的天赋可能是你为朋友和家人做的营养饭菜，也可能是你在艰难对话中带来的同情和理解。你的天赋可能涉及木雕、绘画、水管工程、行动主义、救火、漫画制作、戏剧制作、研究、动物保护、环保的城市空间设计、珠宝设计、你女儿所在小球队的辅导工作。

你的天赋可以通过志愿者的工作表达出来，也可以通过你对每一个人（从银行出纳员到街上的陌生人）的关注、尊重和关怀表达出来。你的天赋可能让你的花园给你的邻居带来了希望和奇迹。你可能会有很多天赋，而这些天赋会在你的一生中发展和演变，就像你一样。

"但是，玛丽……真的，我没有什么独特的东西可以贡献、分享，别人都做过了。"

想一下你最喜欢的咖啡店或服装店（任何快乐或价值的来源，甚至可以是一家性玩具公司）。想象一下，如果它的创造者也有和你一样的限制性思维，在还没开始就选择投降——"为什么要这么麻烦？已经有人把我打败了。这个世界上的咖啡、T恤衫已经够多了！"那会很糟糕，对吧？关于意大利食物，我想过这个问题。我经常去一家叫 Pepe Rosso 的夫妻小店,这家店拥有在曼哈顿中心区最好吃的茄子蘸酱。想象一下,如果 Pepe Rosso 的创始人在考虑开餐厅的时候,举起手说:"纽约市已经有1000家意大利餐厅了。还有,世界上已经有太多太多的茄子蘸酱了!"(一想到再也不能吃到 Pepe Rosso 家的茄子蘸酱,我就心悸。)

请在艺术、科学、体育或文化的任何领域中继续这种想象。世界上所有的音乐人都没有阻止碧昂斯、Lady Gaga、史蒂薇·妮克丝、肯德里克·拉马尔发出他们的声音;菲尔·多纳休的走红并没有阻止奥普拉;玛格丽特·曹的喜剧天分也没有阻止黄阿丽表达自己的声音。试想一下,如果这些杰出人物中的任何一个人认为自己的贡献是不必要的,因为已经有人做了,就停下脚步,那我们会错过多少?就像弗雷德·罗杰斯说的那样:"如果你能感觉到你对你所遇之人的生命而言有多重要,那你对那些你可能永远也想不到的人来说又有多重要啊!"

是的,这世上有千千万万的书、歌曲、戏剧、生意、辣酱师、编织社。但是,如果你还没有创造出自己的版本,它就是还没有被做过,因为它没有被你这个千载难逢的奇迹表达出来。

克服像个"骗子"的感觉

詹妮弗·洛佩兹、朱迪·福斯特、玛雅·安吉罗有什么共同点？不是她们都是获奖的文化偶像，而是她们都曾觉得自己像个冒牌货，像个彻头彻尾的假货和骗子。

> 即使我已经卖出了 7000 万张专辑，
> 我还是觉得"我不擅长音乐"。
> – 詹妮弗·洛佩兹 –

> 获得奥斯卡奖的时候，我以为我只是侥幸。我以为每个人都会发现，他们会把奖杯收走，说："对不起，我们本想把它给别人的。那是要给梅丽尔·斯特里普的。"
> – 朱迪·福斯特 –

> 我写了 11 本书，但每次我都会想："坏了，他们现在要发现了。我骗了每个人，他们就要发现了。"
> – 玛雅·安吉罗 –

如果你曾经觉得自己是个骗子，好像你的任何成就都是侥幸或失误，总有一天会被人揭露，那么显然你并不孤单，还有好多人都这么觉得。研究表明，冒名顶替者综合征影响了我们人群中高达 70% 的人。[1]

虽然觉得自己像个骗子是人类普遍存在的现象，但这对女性的打击最大。为什么呢？因为女性以及其他传统意义上常被忽略的群体很容易左顾右盼，觉得自己缺乏归属。在社会上，我们已经习惯了自我贬低和隐藏自己的能力，这导致了自信心差和自我怀疑，进而对我们生活的每一个方面都产生了不利影响。当将"我们不是货真价实的正品"这种信息内化时，我们就会遭受重大的后果。不仅仅是情感上或创意上的，还有经济上的。就算小事业、小钱也会受其影响。

这就是为什么我们不仅要承认这种现象，而且要采取积极的措施来确保"欺诈感"不会阻止你分享你的天赋和到达你所能达到的高度。以下几个步骤可以帮你在冒名顶替者综合征阻碍你之前阻止它。

1. 知耻而后勇

大多数高成就者苦于自己是冒牌货的感觉，但从不说出口。这就像一个肮脏的小秘密，每个人都不敢承认。我现在就告诉你，我有时仍然会有这种感觉，而我已经工作近20年了。布琳·布朗说："作为一个羞耻感研究者，我知道在羞耻感发作的时候，最好的做法是完全反其道而行之。练就勇气，站出来！"[2]

布琳说得极对。你知道为什么吗？因为当你大声分享时，羞耻感总是会萎缩。当你把它带到阳光下的时候，它是不可能存在的。为了更进一步,我建议你把一两个值得信赖的人设置为快速拨号,以备欺诈感到来时使用。这些人就是你反欺诈小分队,你可以和他们联系,说:"嘿,我现在感觉自己很糟糕。你能提醒我为什么我不糟糕吗?"

自然而然,你必须回报别人的好意。做一个能给别人加油鼓劲的人,提醒他们的内在价值,特别是当他们自己看不到的时候,这会让你感觉棒极了。世界上的批评者已经够多了,请做一个鼓励者吧。

2. 启动一个推销档案

推销档案是一个储存赞美、感谢、美誉、赞誉,以及那些说你对他们产生了积极影响的人对你的所有评论的地方,包括朋友的短信、同事的留言或者客户的语音信息。对于你的推销档案来说,任何一句善意的话语或赞赏都不会太微不足道,你甚至可以把你的成就也添加进去。把它们收集到一个位置,并根据需要经常回顾。记住,注意力在哪里,能量就会往哪里流动。推销档案可以对抗感觉像个"骗子"的负面影响,让你重新认识到你确实是个人才。

3. 散发你的光和热，而不是将其含在心中

把你的注意力——你的精神、情绪和灵性能量——当成一盏手电筒，它只能照向一个方向。在任何一个特定时刻，你的手电筒要么照在你身上，让你觉得自己像个十足的冒牌货，要么照在别人身上——他们需要什么、想要什么，以及你可以如何帮助他们。

当你向外散发出你的光和热，你对自己的欺诈感就不会有任何关注。你不关注，那些坏情绪就无法生存。

把你的光芒照在别人身上不需要有多耗时，也不需要有多复杂，任何善意的举动都能起到作用。你可以给你的老板写一封感谢信，详细说明一些对你有帮助的具体事情；也可以向有需要的邻居提供支持；甚至可以到当地的养老院去看看，找找最近没有人来探望的老人，然后去照亮他们的一天。看看周围，不乏渴望与人建立联系的人，总会有人需要一点点帮助、一点点关注、一点点安慰、一点点的爱。

下次当你发现你觉得自己像个骗子时，请检查一下自己。很可能是你把手电筒照在了自己身上，而不是照在能让你发挥最大作用的地方——关爱他人。

来自逝者的改变人生的建议

不管你想做什么,现在就去做。未来的日子只有那么多。

— 迈克尔·兰登 —

邦妮·韦尔是一位临终关怀护士,曾在数百位患者的生命最后几周照顾他们的生活。她的患者在临终前所经历的沮丧、遗憾之深,启发她写了《临终前最后悔的五件事》这本书,其中有一个很具体的我想关注的憾事,也是最大、最普遍的一种遗憾:

"我希望我有勇气过上真正属于自己的生活,而不是别人所期望的生活。"

戳到你心上了,对吧?

邦妮发现,在临终之时,大多数人没有实现自己的梦想,甚至一半的梦想都没实现。一半!这里的重点不是哀叹别人的错误,而是想办法避免自己的错误。

说实话,你有多少时候保持沉默,而不是依照你的真实感受说话或行事?因为不想被人评判或批评,你曾剥夺自己去探索或表达什么乐趣?因为害怕尝试追求你的隐秘梦想,你还在做着什么你无法忍受的事情?你的生活中有多少是为了获得父母、配偶、家人、孩子、朋友或(最悲摧的是)网络上陌生人的认可而存在的事物?

事实上，你现在读到这些话，说明你拥有一个很大的优势：你还活着。这意味着你还有时间去改变。请你现在就去做你梦想中的事，这样你就不会后悔没有尝试过。否则，你可能会说出下面这句人类能说出的最糟糕的话：

我希望我曾有……

不管你意识到与否，我们都在同一辆宇宙列车上，驶向同一个目的地——死亡。我们都不知道什么时候会到终点站，不知道列车什么时候会减速，也不知道什么时候列车长会拍拍我们的肩膀说："你到站了，该走了。"

我们只知道，随着时间的流逝，我们越来越接近终点站。日子一天天过去了，一小时又一小时，一分钟又一分钟。这就是为什么现在是时候去追寻你的梦想了，不管它是多么狂野、多么不合理、多么"不可能"。现在是把这一切都解决的时候了。从这一刻起，你所想的、说的、做的一切，都是你投入梦想的宣言。

你拥有内在力量，拥有回应你灵魂召唤所需的一切。所以，请你让你的屁股动起来，继续走下去。不要从我们这里偷走你的天赋。

这个世界真的需要你。它需要你最大胆、最勇敢、最诚实、最富有爱的表达，现在就需要。如果你过去没有注意到人类渴望改变，你现在可以从空气中感受到。在我们的学校、家庭、企业、运动场，以及整个社会的每一个角落，人们都在等待有人站出来为他们指明方向，用心去领导，用最高的眼光去看待我们拥有的能力。

我相信你就是那个人；我相信你就是这样的人；我相信你是一个能在你的影响力范围内，在你的家庭、你的社区、你的圈子，在整个世界里，唤醒一种新的可能性的人。我相信你有能力解决一切问题。

这样做，你将会成为你所接触的每一个生命的榜样。

这就是机会所在。于你，于我，于整个人类而言，都是机会。

世界现在最需要的，是像你这样相信一切皆有可能，活得仿佛所有问题都是可以解决的人。从环境、食物系统、教育到医疗卫生，再到所有层面的不平等和不公正的问题，我们有太多重要的事情需要解决。

纵观历史，有人问："真的要这样吗？""我们如何才能把事情做得不一样？"即使是面对几百年来根深蒂固的社会结构，一个人的梦想也曾引发整个社会的变革。

当我们以"所有问题都是可以解决的"目光来对待我们个人的问题和集体的挑战时，一切都会开始改变。我们将从感到一败涂地、不堪重负、残缺不全，到变得勇敢、有能力、充满希望。

我们必须将这个信念教给自己、教给对方、教给我们的孩子，也教给我们孩子的孩子。因为在你的生活中,肯定会出现这样的时刻,即出现一个机会,让你能够做一些事情,说一些话,做出改变。

答应自己,从这一刻起,你不会再浪费一天中的任何一分钟,不会再说"我不知道该怎么做"或者"我不知道我是否有能力成为那样的人"。

因为我们心里都知道,你可以的,你有无限的能力。没有任何环境、命运或情境可以阻挡你灵魂中不可阻挡的力量。

希望有一天,我们会在宇宙列车上相遇。如果我还在车上,我会在酒吧车厢等你,啜饮着一杯阿佩罗鸡尾酒,急切地想听听你的经历。

从知到行

长远来看,我们塑造着自己的人生,也塑造了我们自己。这个过程永远不会结束,直到我们死去。而且,我们所做的选择最终是我们自己的责任。

——埃莉诺·罗斯福

1. 是什么阻碍了你去实现你最大的梦想或愿望?扪心

自问，你现在所担心的事情，在 20 年、40 年或 60 年后是否还会让你担心？这种忧虑到那时是否仍然重要？

2　请你想象死亡即将来临，将下面的句子至少读 20 遍（需要时多读几遍）。不要想太多，继续写下去就可以了。

我希望我曾……

我希望我曾……

我希望我曾……

3　如果你从内心深处，从骨子里相信，所有问题真的是可以解决的，你现在会做什么？你会创造、治愈、改造或超越什么？你会成为谁？

4　请大家亲自用手书写完成这最后的挑战。拿起一个日记本，关掉所有的电子设备通知，找一个不会被打扰的空间，如果点上一支蜡烛能让你进入一个安静、沉思的心境，请点上它，设定一个 15 分钟的闹钟。你要自由书写，这是一种邀请你的直觉在纸面上与你沟通的练习。

未来的你（100 多岁的你）要给现在的你写一封信。

亲爱的 _____（你的名字）：

我想让你知道……

让你的手动起来。记住，你是在邀请100多岁的你与当下的你分享智慧。即使是胡言乱语，不要停下书写。尽量不要去评判、编辑，甚至有意识地思考。写下什么就是什么，不要在意语法、拼写或标点符号，只需不断地涂鸦。如果你遇到困难，就开始新的行文，然后用这些提示进行试验。

我希望你能放下……

我想让你开始……

我希望你能记住……

这封信只给你自己看。请继续写下去，直到计时器显示到15分钟。这个关于未来的自我练习可以帮助你接触到你直觉上知道但很可能你还没有坚持不懈地去实践的深层真理。在你阅读你写好的内容之前，请将它放在一边至少一个小时。

做得很好。在我们在一起的时间即将结束之前，还有最后一件事……

后 记

持久成功的真正秘诀

> 独自一人能做的事情太少了。
> 而在一起，我们可以做很多事情。
> —海伦·凯勒[1]—

几年前，我雇了一个摄制组，在纽约录制了一个为期三天的大型会议。为此，我们已经筹划了将近一年。演讲者来自美国各地，数百名学生从世界各地飞来。会议结束后，我们的摄制组直接去了机场。他们要去欧洲采访一些 B-School 的毕业生，进行一系列的案例分析。录制一个为期三天的会议，再进行一周的国际拍摄，这些所需的后勤保障和资金让人头疼不已。

国际拍摄结束后，我接到了我团队的电话。我们摄制组的器材被偷了。每一台相机、每一个镜头、每一个三脚架、每一秒钟的录像——整个会议和十几个欧洲城市的采访，都被偷了。

我气得简直想吐血。

失去那段录像不仅在创意上是毁灭性的（会议是不可复制的），而且我们计划了一个围绕这些采访、关乎我们公司生死的重要宣传活动。这个宣传活动还有几周就要开始了。因为有很多外部合作伙伴支持，所以我们没有办法把启动日期推后。

但是，最疯狂的是，我胃里那种恶心的感觉只持续了一会儿。为什么呢？因为我的整个团队都在生活和呼吸中融入了"所有问题都是可以解决的"这一人生哲学。它深植于我们公司的企业文化。

在同一通电话里，我们的内容负责人提出了一个重拍计划，其中包括修改后的国际拍摄日程表和受访者的批准。

我深吸了一口气，说："好吧，我们可以这么做。所有问题都是可以解决的！"没过几天，拍摄团队换了新设备，收拾好行李，飞回了欧洲。是的，过程很紧张。是的，我们不分昼夜地拼命工作。但我们团结一致，互相扶持，按时完成了任务。你猜怎么着？新的采访片段比第一轮更精彩！

任何领导一个组织或管理一个部门、一个家庭的人都知道，出错太经常、太正常了。局面崩溃、技术故障、意外随时会发生，人也会生病。这些情况都是加强你"所有问题都是可以解决的"应变能力的绝佳机会。

但是，如果你想提高能力、克服障碍、减少压力，并创造出色的结果——超越自己，就要从"我们"的角度思考，而不是从"我"。

相信和表现得好像所有的事情都是可以解决的，将从根本上改变你的生活。但是，当你周围的人——朋友、家人和同事——也相信并表现得好像所有问题都是可以解决的，你就会变得有能力去收获超越你最狂野梦想的体验和成就。

第一，一起解决问题和克服挑战更有乐趣；第二，一个你可以依靠的社群会让你的心理、情感、精神和资源瞬间倍增；第三，当你拥有支持的时候，你就更有可能在挫折面前坚持下去。此外，想法、力量和多元观点的结合往往会带来更大、更丰富的结果，而这些结果的根源在于更深层次的目标感。

马丁·鲁特有句话完美地诠释了我们必须接受的悖论，"你必须自己去做，而且不能独自一人去做"。

是的，人生中你唯一能控制的人就是你自己，你必须对自己的人生状态负起全部责任，始终且在所有方面皆如此。

而且……

我们人类需要彼此，这是由我们的生物原理决定的。没有人是孤岛。阅读传记，研究他人成功故事中的微妙细节，你会发现，在任何一个人的崛起过程中，都有许多其他人在其中起着辅助支持的作用。

虽然这本书中的工具和原则适用于你个人，但它并不限于此。

如果你想获得实现自己梦想的最好机会，那就在你周围建立一个滋润的环境。把加强你的社会关系作为首要任务，对他人进行投资，关心和支持他们实现自己的梦想。

这并不仅会令人感觉良好。几十年来的研究证实，积极的社会关系对我们的健康、快乐和绩效都有影响。拥有强大社会关系的人其焦虑和抑郁水平较低。他们有更强的自尊心，更高的同理心，更信任他人，更善于与他人合作。因此，其他人对他们的信任度、与他们的合作度也更高。[2] 反过来也是一样。一项具有里程碑意义的研究表明，缺乏社交关系比吸烟、肥胖和高血压更伤害你的健康。[3] 实际上，孤独感与每天抽 15 支香烟一样致命。[4]

好消息来了，社交关系的强度是你可以控制的。就像其他事情一样，它也是可以解决的。

建立你的可解决力磁场

如果你想提升自己，就请去提升别人。

— 布克·华盛顿 —

如果你最近戒了酒，你会每天下班后去参加酒吧的优惠活动吗？如果你正在从赌瘾中恢复，你会去拉斯维加斯度假吗？如果你最近发现自己有乳糖不耐受，你会申请在奶酪店工作吗？答案是，不会。

为什么？因为你所处的环境对你的思维、感觉和行为方式有巨大的影响。随着时间的推移，你所处的环境可以促成或破坏你的成功。因此，有必要带头塑造你所处的环境，包括有意且小心地选择与你一起度过时间的人。

我们的目标是创造一个"可解决力"磁场，一个不断扩大的生态系统，其中充满了支持你的、善良的人。在这里，每个人都能感受到真正的自己被爱、被尊重。以下是创造这一环境的前三个步骤。

1. 投资认为"所有问题都是可以解决的"朋友

马克·海曼博士曾经告诉我："朋友的力量比意志力更重要。"如果朋友或亲人不支持，你很难改变自己的行为或思维方式。这就是你必须积极主动的原因。把你在这里学到的东西与你最亲密的朋友分享，送给他们一本这本书。在喝咖啡时、鸡尾酒会上或饭局上谈一谈你的想法。让"所有问题都是可以解决的"哲学成为你们共同词汇表的一部分。互相帮助"在准备好之前就开始行动"，并记住专注于"要进步而非完美"。

如果你是一个比较注重结构和责任的人，下面这一信息可能会对你有所启发。人才发展协会的一项研究发现，如果你对某人许下承诺，那么你有 65% 的机会完成目标。如果再加上一个具体的问责约定，你的成功概率就会增加到 95%。是的，95%！

即使没有严格硬核的问责，有朋友可以依靠也是非常宝贵的。当我发现自己陷入困境时，我会找朋友和同事求助。不管是工作、关系或健康方面的问题，我都会毫不羞耻地求助说："我知道这是可以解决的，但我很难看清该走哪条路。我们能谈谈吗？"

我之所以能做到这一点，是因为我投资于我的友谊。对我来说，没有什么比我的人际关系更重要的了。我尽我最大的努力，为朋友的梦想主动提供爱、鼓励和支持。你也可以这样做。

2. 永远在工作中发挥"所有问题都是可以解决的"力量

在我们公司，如果出现紧急情况，立即便有人发短信相互交流。一旦意识到有重大问题，有人就会宣布："出问题了！我们赶快打个电话解决问题吧！"然后我们就会通电话——每一次都如此。

作为成年人，我们的大部分时间是在工作中度过的。无论你是什么职位（入门级、自由职业者、协调者、经理或首席执行官），你都要致力于成为一个相信并表现得好像一切都可以搞定的领导者。在每一个环境中，你都要展示出你的"可解决力"，并做好准备。每当你遇到问题时，就说"所有问题都是可以解决的"，然后用行动来证明。

当你的团队遇到障碍时，请第一个说："嘿，这很难，但所有问题都是可以解决的。我们是有能力的，只要一起努力，就能解决这个问题。"这种清晰、冷静、自信，会对你的团队产生积极的连锁反应。它还有助于将焦点从压力、责备和不安（这些都是有毒且无益的状态，特别是在危机期间）转移到创造解决方案上。

正如玛丽安·威廉姆森提醒我们的："当一个想法被分享时，它就会变得更加强大。"如果你是一个企业、组织或部门的领导，请把这本书送给你团队中的每个人。如果你是老师或教练，请将"所有问题都是可以解决的"作为核心课程，主动地将"所有问题都是可以解决的"这一信念嵌入你的文化中。我们公司每天都在使用这本书中的理念和工具。我很自豪地说，我们公司的员工经常谈论自己现在的工作就是他们梦想的工作。他们甚至会在一起度过一些工作之外的时间。我总能听到团队成员在休假时相聚的消息。没有哪家公司是完美的，但我们公司的员工是非常有成效、充满爱心和支持的。我相信这很大程度上是因为"所有问题都是可以解决的"这一理念是我们共同的基础。

3. 成为 MF（玛丽·弗里奥）内部人，从我们这儿得到无尽的鼓励

你所消费的媒体和信息是你心理和情感生态系统的一部分，所读的书和所听的内容会塑造你的感受、观点和行为。如果你喜欢这本书，我很愿意在你的旅程中继续支持你。

近20年来，我们每周二都会与 MF 内部人（我们的电子邮件订阅者）分享免费内容。通常，我们会发送一集新的 *MarieTV* 或 *The Marie Forleo* 播客节目。有时，它是一封简短的个人情书，让你的收件箱里充满了微笑。不管是什么，我向你保证：我们的内容是令人振奋的、有趣的、可操作的。我们所分享的一切内容都会帮助你掌握"所有问题都是可以解决的"，帮助你用你的天赋来改变世界。我很自豪地说，成千上万的用户留言说，我们的邮件是他们每周唯一阅读和期待的邮件。

无论是对朋友、同事还是爱人，你都要记住一条黄金关系法则：无论你渴望什么，都要同时给予他人。

如果你渴望得到更多的支持，就请支持他人。
如果你渴望得到更多的欣赏，就请欣赏他人。
如果你渴望更多的爱和接纳，就请爱和接纳他人。
如果你渴望得到更多的认可，就请认可他人。

如果你渴望更多的庆祝，就请庆祝他人。

如果你渴望更多的理解，就请理解他人。

每当你感觉到匮乏的时候，或者你"需要"什么东西的时候，那正是你需要转身给别人什么的时候。请你明白，你不能把这当作一种操纵。你不能带着期望得到回报的心态去付出，因为那样就不再是礼物，而是需求。相反，要认识到，你无偿地付出什么，就会立即得到什么。无论你给了别人什么，你自己都会体验到。

归根结底，衡量我们生命的尺度不是由我们为自己取得的成就决定的，而是由我们对他人的分享、付出和贡献决定的。尽你所能，把自己放在一个注重贡献而非抱怨的环境中。奉献，而不是得到。服务，而不是自以为是。

最后帮我一个忙。答应我，你会一直走下去。你有一个宝贵的灵魂，可以创造很多东西，可以为这个世界做出贡献。

是的，我知道你已经有很多事情要做了。虽然你有一些令人难以置信的、美好的幸福（我们都有），但你也在经历着一些挑战。困难不会突然出现，而恰恰会在你准备好成长和认识更真实的自己的时候出现。你比你自己所知道的更强大，更有能力。

请给我写信，让我知晓你的成长。我很想知道你是如何用你在本书中发现的东西来改变你的生活的。

在此之前，要善待自己。你是你这一生中最重要的资产。也请记得，要大笑，要开心。

　　继续努力，为你的梦想继续前进。因为这个世界真的需要只有你才拥有的特殊天赋。

爱你的
玛丽
加利福尼亚州威尼斯海滩，2019 年 3 月

　　永远不要怀疑，
　一小群有思想、有担当的公民可以改变世界。
　　事实上，这是唯一发生过的改变。

　　　　－玛格丽特·米德－

致　谢

我一生中最伟大、最充实的成就不是由我一个人完成的。我所创造的一切善与美的事物，包括这本书，都与无数的人有关。它们得益于我有幸认识的杰出人物的无价贡献、合作和鼓励。

致我亲爱的乔希，你无尽的爱、智慧和幽默的冒险精神是我的宝贵财富。谢谢你始终相信我。谢谢你看到了我的潜力，尤其是当我自己看不到的时候。我喜欢和你一起生活。你不知道我有多爱你。

致敬弗里奥团队——世界上最神奇的精英团队，包括塔娜、吉亚达、路易丝、玛丽安、贾斯汀（詹姆斯）、切尔西、卡罗琳、莎莉、凯尔西、奥黛丽、史蒂维，埃里卡，梅格、曼迪、海莉、H·希瑟、劳拉、F·希瑟、梅卡、简、阿里埃勒、朱莉娅、雷切尔、莎拉、格雷戈里、艾尔莎、埃里克·迈克尔、乔希·B.杰森，以及我们明智、狂野、富有创造力、心胸开阔、不断成长的家庭中的每一个光荣的成员，我向你们致敬。我崇拜你们。我的团队是我的生命之源。

致敬我的家人、朋友和同事，他们一直支持着我，包括朗尼、赞恩、艾达、珍、扎克、胡安、比尔、克里斯·卡尔（我在宇宙中最好的朋友）、雷吉娜·托马斯豪尔、劳拉·贝尔格莱、加比·伯恩斯坦、凯特·诺斯鲁普、艾米·波特菲尔德、希拉·凯利、丹妮尔·拉波特、比利·贝克三世、奥菲拉·埃杜特、丹妮尔·维思、格拉西·梅赛德斯、达米安·法海、赛斯·高汀、莉兹·吉尔伯特、莎拉·琼斯、丹妮·夏皮罗、托尼·罗宾斯、格伦农·道尔、布伦·布朗、谢丽尔·斯特拉伊德、史蒂夫·普莱斯菲尔德、西蒙·塞尼克、蒂姆·费里斯、肖恩·阿瑟尔、克丽丝·吉耶博、布伦登·伯查德、克里斯汀·洛伯格、瑞安·霍利戴——谢谢你们加油打气的话、短信、饭局、邮件、忠告、爱与支持。你们的努力、领导力和友谊是我奋斗的燃料。

致敬我的经纪人邦妮·索洛，我非常感谢你的指导和诚信。

致敬阿德里安·扎克汉姆，谢谢你瞬间就明白了我和我的想法。我很尊敬您。致整个出版社团队，包括利娅·特劳夫博斯特、克里斯·塞尔吉奥、威尔·韦瑟、塔拉·吉尔布赖德、劳伦·摩纳哥、玛格·史塔玛斯、杰西卡·雷吉恩、梅根·杰里蒂、马修·波兹、米高·卡瓦诺、莉莲·鲍尔，感谢你们的不懈努力、用心和关怀，让这个"孩子"来到人间。

致 谢

致敬奥普拉·温弗瑞，感谢你邀请我上你们的节目和舞台，给我带来非凡的荣誉和喜悦。从我很小的时候起，你就一直是我生命中的一盏明灯，为我的人生指明了可能的方向。你仍然是我最喜欢的人之一。

致 MarieTV 和 The Marie Forleo 播客节目的粉丝、B-School 的用户、B-School 的导师、合作伙伴、Copy Cure 成员、参加 MarieTV 的嘉宾，以及这些年来与我有联系的无数人——没有你们，这一切都不可能实现。

向你致敬，我亲爱的读者。我非常感谢你慷慨地花费时间、注意力和心情阅读本书。

愿你永远向着你最宏伟的梦想和最高的希望前进。

永远，永远不要放弃。

附 录

更多"所有问题都是可以解决的"实地记录

我们是我们自己故事的主人公。

— 玛丽·麦卡锡 —

在助学金被砍掉80%后，她拒绝被拒绝，并获得了16000多美元的奖学金。

我决定回学校攻读营养学专业的学位。我申请到了经济援助，并获得了一笔助学金来资助我第一年的学业。我辞去了行政工作，选择去做服务员，启动了我的旅程。

第二年，我的助学金被削减了80%，因为我做服务员赚的钱有点多。当然，我没有办法自掏腰包来支付学费，而且我也不能再接更多打工的活儿，因为已有的工作和学业已经让我忙得晕头转向。我感到很失败，好像我的梦想正在消失。这时，我看到了奥普拉节目中的一个小讲座。节目中那个神奇的女人（就是你，玛丽）告诉我："所有问题都是可以解决的。"从那以后，我的生活就不一样了。

那句话让我想明白了。我现在不能放弃，绝对不行！我可以想出办法解决问题。我开始研究支付学费的方法，并决定尝试申请奖学金。当时，我所在地区大多数学校的奖学金申请截止日期都快到了。我有两个星期的时间来写申请并提交五篇"优秀得足以获得奖学金"的文章。所有这些都是在边读书边做全职工作时完成的。我说过我有注意缺陷多动障碍吗？

我想明白了，并完全按照玛丽的建议去做（在我吓了一跳之后……或者说在我吓坏了之后）。我把庞大的工作拆成了一个个小项目。我把每一篇文章都列出了大纲，并把完成日期写进我的计划表里。我一个个、一件件地处理它们，在截止日期前三天完成了所有工作。我甚至有时间让三个人对我的作品进行了校对。将项目分解并放入计划表中，一是让我直观地看到它是可以完成的，二是让我静下心来，集中精力，由此得以发挥创造力，而不是永远处于自我怀疑的状态。

结果，我获得了以下金额的奖学金：12000美元、2000美元、1500美元、800美元！

"所有问题都是可以解决的"成了我的根基。它是在事情似乎令我不堪重负的时候安慰我的小毛毯。我会大声说出来。我相信它，并且不再感到害怕了，因为它已经多次被证明是真理……所有的问题都是可以解决的。谢谢你，玛丽。你改变了我的生活，触动了我的心。我对你的感激之情难以言表。

卡莉
得克萨斯州

这位工程师在耽误了16年的艺术梦想后，辞去了工作，想出了如何通过艺术谋生的办法。

当时，我很想辞去公司的工作，成为一名全职艺术家。我从小就开始艺术创作，但我没有去读艺术学校，而是去读了工科，在制造业和IT行业工作了16年。一路走来，我一直在创作艺术，但渴望能做更多。当我最终决定辞去工作时，我的妻子和整个家庭都支持我。我不知道该如何养活整个家庭，但我告诉自己："所有问题都是可以解决的！"

我在一家管理学院接受了一个兼职教学的机会，收入只够维持生计和支付工作室的租金。另外我开始在象头神神像制作工作坊和其他艺术工作坊教学。我本想在美国开设这些课程，但由于我住在印度，所以这并不实际，也不可行。

后来，一个朋友让我去了解下在线教学。我立即决定做一个关于如何制作象头神神像的在线课程。这挺难。我必须弄清楚很多关于视频录制、灯光、剪辑、音频和营销的事情，但很高兴我做到了。这些课很受欢迎！我的课程被当地媒体报道，也是互联网上唯一一个关于这个主题的课程。现在，我已经有25个在线课程，我的画作被七个以上国家的个人和企业收藏。所有问题都是可以解决的！

曼达尔
印度

"当你的动力是爱时,所有问题都是可以解决的。"

我的外公意外去世了。他住在英国,我住在密歇根州的卡拉马祖。我有一个两岁多的孩子和一个两个月大的孩子,有我自己的生意,还有一个忙碌的丈夫/生意伙伴。葬礼定于周四上午 11 点,在曼彻斯特外的一个小村庄举行。我的每一根神经都告诉我,我必须去,但作为一个哺乳期的母亲,我必须带着我的孩子去。

"所有问题都是可以解决的"这句口头禅让我:

- 重新安排全家的时间。
- 临时为我的孩子找到日托所。
- 找到足够的钱买一张很晚起飞的机票。
- 凌晨两点收拾行李、准备出发和给自己打气。

然后……事情变得非常困难。"所有问题都是可以解决的"让我挺过:

- 航班延误,错过了转机。
- 在底特律的暴风雪中意外地和我两个月大的宝宝过了一夜。
- 被告知"对不起,我们最早能送你到曼彻斯特的时间是周四晚上"。

"所有问题都是可以解决的"让我有了坚强的勇气。

我换个航空公司,找一个新的飞行路线,周四早上 7 点降落在曼彻斯特机场。我准时搭车去小村庄,还有一个小时的额外时间。全程我一直背着我的宝贝女儿，不眠不休。我从未像现在这样为自己感到骄傲，也为我的家人感到骄傲。我是这样解决的：

- 深吸一口气。
- 告诉达美航空的工作人员："一切都能搞定！"
- 打很多通电话。
- 不接受"不"的回答。
- 为了到达我的最终目的地，愿意飞到意想不到的地方去。

我去参加了我外公的葬礼，向一个对我来说意义重大的男人做了最后的告别。我一边抱着我的宝贝女儿，一边和家人把外公葬在埋葬着我几代祖先的墓地。我向我自己、我的孩子、我的家人证明了，当爱是你的动力，所有问题都是可以解决的。

凯特
密歇根州

这位全职教师在最细小的任务和最大、最可怕的障碍上都应用了"所有问题都是可以解决的"哲学。

玛丽（和她母亲）的口头禅——"所有问题都是可以解决的"改变了我，并以一种强有力的方式继续改变着我。我很难把这句口头禅只归结到一个问题的解决上，因为它每天都在支持着我，经常一次又一次地出现。

所有问题都是可以解决的

无论是我在发现钱包丢了之后立即产生的恐慌,还是当房租到期时我的焦虑,都是可以解决的。周末的火车没能正常运行,我要迟到了,这也是可以解决的。在高表现、低收入的学校当全职教师,开展瑜伽静修事业,写书,挤出时间与人沟通和自我发展,这些全都是可以解决的。

这句魔法口号帮助我面对最微小的任务和最大、最可怕的障碍。它在我的生活中起了很大的作用,以至于我把它作为我的密码。每天多次输入"可解决",让我有一种平静的感觉,有勇气去迎接丰富而充实的生活。

一旦我提醒自己"所有问题都是可以解决的",我就会变得更加冷静,头脑也更加清晰,足以采取行动。第一步通常是制定一份清单或寻求帮助。最终的结果是,我总是能想出办法来。我的房租付了,我了解了一个新城市的列车表,我学会了如何在网站上嵌入支付表单,等等。我还在经历许多困难,但玛丽的口头禅给了我一个保证,让我有了前进的动力。

卡提亚
纽约

"所有问题都是可解决的"帮助这位两个孩子的全职母亲度过了丈夫被调任外地的日子。

我的丈夫要在外地工作六个月,而我必须想办法在有两个孩子和一份全职工作的情况下保持理智,撑起这个家。我想面对我人生中极困难的挑战之一,成功克服它,并因此变得更坚强、更健康。

"所有问题都是可以解决的"给了我信心，让我相信，尽管生活孤独、沉重和不堪重负，我也完全可以扛过这半年的分离。它帮助我选择了战斗而不是逃避，选择了力量而不是仅仅生存。我怕黑，但我克服了夜晚；当我不得不肩负起税收、育儿、家务、工作和生活之间的平衡时，我想出了解决办法；当闪电把我家前院唯一的一棵树劈倒在我们的车顶上时，我也成功解决了问题（在哭了一下之后）。

当我知道丈夫要离开的时候，我觉得没有他的陪伴，要维持正常的生活，简直不可想象。光是这个想法就给我带来了焦虑！于是，我想出了一个办法来获得帮助。我请了保姆，她也是一名优秀的大学生。我让她免费住在我们的客房里，作为交换，她帮我带孩子和陪我。她的出现让我们的生活变得更容易忍受，甚至有趣。

我每天一次处理一件日常家务，并学会了宽容待己。有时候，比起在工作日的晚上挤出时间洗衣服和洗碗，自我关怀更重要。我还明白了，学会向邻居和朋友求助，远远好过试图硬扛并失败。

也许，对我影响最大的事情就是，我学会了如何照顾自己，从而可以应对好我要面对的一切。我请了一位私人教练，在营养方面得到了帮助。我买了一辆自行车，并专注于做我喜欢的事情，这样我就能重新焕发活力，变得精力充沛而非疲惫不堪。

最终的结果是，我成功地熬过了丈夫调任外地的六个月。我巩固了友谊，也结识了新的朋友。所有问题都是可以解决的，我很高兴有人这样告诉我。

凯拉
密苏里州

"玛丽的口头禅既是他们的,也是我的,我知道他们将来也会把它传给他们的孩子。"

有一天,我的汽车轮胎几乎没气了,我不知道该怎么办。我想起了玛丽的口头禅,于是在加油站上网查了一下我车的型号和轮胎气压,两分钟后就把我的爆胎问题解决了。这给了我信心,证明了所有问题都是可以解决的。

之后,我找了一份收入不错的工作,并兼营自己的生意。我拥有了一系列的电动工具和自己的工具箱,在爱尔兰的海边翻盖了一套四居室的新房子。我把玛丽的口头禅通过言传身教传给了我的四个孩子。他们中的三个已经长大离开家,分别在学习法律、会计和心理学,并且都脱离我独立生活和工作,没有任何贷款。玛丽的口头禅既是他们的,也是我的,我知道他们将来也会把它传给他们的孩子。

艾伦

爱尔兰

她用"所有问题都是可以解决的"给了自己逃离危险关系并开始新生活的勇气。

我曾陷入一段本不该陷入的关系中。所有的"红灯"都亮了起来,但我忽略了它们。在经历了几个月的激烈争吵之后,有一天晚上终于到了动用暴力的地步。我需要收拾我的一切——一整栋房子的家具、我的办公用品,还有两只可爱的小狗,并在第二天结束前把它们全部收进仓库。

　　这个时候，我已经知道"所有问题都是可以解决的"这句话，所以我一遍又一遍地重复着这句话。我在电话里对为我担心得要命的朋友重复了这句话；我对在两个小时内就过来给我打包的搬家公司的人重复了这句话；我对邻居重复了这句话，她抽出一天时间帮我收拾最珍贵的物品。整整一天我都在重复"所有问题都是可以解决的"。

　　在那一刻之前，我经历了可怕的九个月，但最终迎来了最快乐的结局，因为我用这句话控制了我的思维过程。它帮助我继续前进，因为我没有时间停下来害怕。

　　我一步步地分解了一切。首先，我打电话给警察，确保自己的安全；其次，我上网搜索搬家公司（我以前对他们一无所知，感谢他们的存在）；然后，我租了一个储藏室；最后，我让我的表哥，一个律师，起草了一封律师信。在这期间，我收拾好了箱子，搬家公司的人出现了，当天晚上6点前就把东西都搬走，放在了仓库里。一想到这些事，我还是会感到心惊。我仍然为这一切是多么顺利，为当时的我多么坚强而骄傲。

　　我至今仍在使用"所有问题都是可以解决的"哲学。我搬回了得克萨斯，遇到了我的梦中情人，并结婚了。我们现在住在加利福尼亚州一栋漂亮的房子里，我正在做一个我真正相信的项目。

朱莉娅

加利福尼亚州

在她母亲去世的周年纪念日，"所有问题都是可以解决的"让她心中重现光亮。

母亲去世后，我失去了人生的方向感。我19岁就失去了父亲，现在我成了孤儿。我母亲是我最亲密的朋友，她的去世让我觉得自己失去了灯塔，在黑暗中跌跌撞撞地走着。突然之间，什么都不像从前那样可以解决了。

在我母亲去世的周年纪念日，"所有问题都是可以解决的"发到了我的邮箱里，玛丽让我心中重现光亮。这不是一个具体的问题解决方法，而是精神上的彻底转变。我的心也随之延展开来。我的眼睛再次睁开，看到了这个世界。当智慧沉入我的骨子里，我感觉到我的灵魂活了过来。

这就是我每天都在做的事情，即使是在我觉得自己快要崩溃，无法面对明天的时候。我选择了去面对……为了我的伴侣，为了我的孩子，最重要的是，为了我自己。"所有问题都是可以解决的"这句话仍然是我每天的口头禅。这是我给孩子们树立的榜样，也是我给孩子们的关键信息（此外是选择善良和尊重），现在我也会听到他们对朋友重复这句话。

我和玛丽从未见过面，然而在我最黑暗的时候，她为我打开了我的心扉，让我认识了现在的自己。她的信息就像灯塔。这关乎的不是以不同方式做一件事，而是一种完整的人生观。它教会我应该如何生活，以及如何度过在这世上的每一天，无论我是身在黑暗中、阴影中，还是最灿烂的阳光下。经历了欢乐和心痛，所有问题都是可以解决的。始终可以。

帕特雷克·贾
魁北克

附录 更多"所有问题都是可以解决的"实地记录

"所有问题都是可以解决的"帮助她以全新的视角重温了一部被遗忘已久的小说。

很久以前,我开始写一部小说。当时,我是一个年轻的母亲,正经历着特殊时期的挑战。我的双亲之一身患老年痴呆。所以我和丈夫除了养育三个小家伙还要照顾病患。有一次,我在墓地散步,看到有位逝者与我同名,于是写了一个短篇小说,最终它演变成了一部魔幻现实主义小说的大纲。

在接下来的几年里,我攻读了博士学位,其间,我不得不把其他的事情都放在一边。在加入 B-School 不久后,我就做出了重新审视这部小说的决定。虽然我仍然对这个主题充满了激情,但在最初将其从短篇小说拓展为更长篇的作品时,我就不太顺利。我觉得很气馁,因为我承诺过要在拿到学位后完成这部小说。

我回到了键盘前。在盯着旧的文字和空白的界面好几天后,我偶然看到了玛丽与奥普拉的谈话。令人惊讶的是,它令我释放出了大量的想法。

我意识到,我所经历的阻碍是由于今天的我与刚开始写短篇小说时的我已经不同了。一旦在没有紧迫感和先入为主的情况下敞开心扉,我就找到了答案。我引入了一个新的角色,一切都开始运转,尤其是我的键盘!这一切就像上天的一件礼物,所有问题都是可以解决的!我非常感激我新获得的这些洞察。

莉莉安

纽约

她游说政府帮助她的祖父母维持他们唯一的收入来源。

我们州的政府宣布要取消豪华轿车的执照,把它们彻底扔进垃圾堆里。我的祖父母都90多岁了,有五张执照,而这些执照的租赁费是他们唯一的收入来源——虽然收入不高,但他们需要这笔钱。州政府的举措意味着他们即将失去一切。

当时,发生了出租车和豪华轿车的执照持有者和司机自杀这样的恐怖事件。这对我祖父来说是毁灭性打击。他曾是家中的顶梁柱,这是他引以为豪的身价。他努力工作,为的就是能把资产留给他的九个孩子。

他现在身体太虚弱,无法管理他的投资,所以当政府发布这个公告时,事情就落在了我的手里。我对这个行业一无所知,对政治更是一无所知。(我连我们州的议员是谁都不知道!)

我告诉自己"所有问题都是可以解决的"。我知道我可以解决这个问题。

我一步一步地走下去,有生以来第一次参加了一次与豪华轿车执照有关的会议,表达了我的担忧。然后,我组织了一场会议,邀请了有同样担忧的人开会。我成立了一个行业协会,还组织了抗议活动和社交媒体运动,甚至让政府的人同意与我交谈(他们之前一直把我拒之门外)。

我发现在解决一件事的时候,会有流量效应。我现在对自己面临的挑战感到超级兴奋,因为它通常是通往更大事情的一块垫脚石。最终,我出现在媒体上,向议会委员会提交提案,并与无数政客交谈。我尽我所能去影响变革。

政府最终放弃了那个决定,我的祖父母保住了收入。我解决了这件事,也影响了其他一些事!

我的协会现在是行业内地位最高的机构,而我成了政府行业咨询小组的成员。我努力帮助我的祖父实现愿望,在这一过程中,也帮助了昆士兰州豪华车行业的许多其他人。我建立了很棒的友谊,学到了很多新的东西。一位政府的高级职员甚至告诉我,我应该开始教别人如何游说政府!

我知道所有问题都是可以解决的。我生来就知道这一点,但从来都不知道该怎么表达,直到玛丽把它清楚地说出来。现在,每当我遇到挑战的时候,我就会听到她说:"所有问题都是可以解决的。"然后,我就会说:"是的,她说得没错,现在让我们继续为之努力吧。"

JACQUI

澳大利亚

注 释

前言

1. Tristram Stuart, *Waste: Uncovering the Global Food Scandal* (New York: W. W. Norton, 2009).
2. "Ten Great Reasons to Give to Charity," The Life You Can Save, accessed March 15, 2019, https://www.thelifeyoucansave.org/learn-more/why-donate#collapseFAQs.

第2章

1. Walter A. Brown, "Expectation, the Placebo Effect and the Response to Treatment." Rhode Island Medical Journal, May 19, 2015, http://rimed.org/rimedicaljournal/2015/05/2015-05-19-cont-brown.pdf.
2. Ulrich W. Weger and Stephen Loghnan, "Mobilizing Unused Resources: Using the Placebo Concept to Enhance Cognitive Performance," *The Quarterly Journal of Experimental Psychology*, https://www.tandfonline.com/doi/figure/10.1080/17470218.2012.751117.
3. *60 Minutes*, "Marva Collins 1995 Part 1," YouTube, https://www.

youtube.com/watch?v=h8b1Behi9FM.
4. Alyssa Toomey, "Oprah Winfrey Talks Barbara Walters Legacy." *E! News*, May 16, 2014, http://www.eonline.com/news/542751/oprah-winfrey-talks-barbara-walters-legacy-former-view-host-gets-teary-eyed-while-talking-about-her-final-show.
5. American Psychological Association, "Marriage and Divorce," https://www.apa.org/topics/divorce.
6. McKinley Irvin Family Law, "32 Shocking Divorce Statistics," https://www.mckin leyirvin.com/family-law-blog/2012/october/32-shocking-divorce-statistics.

第3章

1. Victor Mather, "Bethany Hamilton, a Shark-Attack Survivor, Reaches an Unlikely Crest," *New York Times*, May 31, 2016, https://www.nytimes.com/2016/06/01/sports/bethany-hamilton-world-surf-league.html; "Learn About Bethany," BethanyHamilton.com, https://bethanyhamilton.com/biography; "Bethany Hamilton Biography," *Biography*, https://www.biography.com/people/bethany-hamilton.
2. Tererai Trent, *The Awakened Woman: Remembering & Reigniting Our Sacred Dreams* (New York: Enliven/Atria, 2017); "Have an Impossible Dream? This Woman Proves You Can Achieve It," *MarieTV*, https://www.marieforleo.com/2019/03/tererai-trent-achieve-your-dreams.
3. Nicholas Kristof, "Triumph of a Dreamer," *New York Times*, November 14, 2009, https://www.nytimes.com/2009/11/15/opinion/15kristof.html; Nicholas D. Kristoff and Sheryl WuDunn, *Half*

the Sky: Turning Oppression into Opportunity for Women Worldwide (New York: Vintage Books, 2010); "A Remarkable Story," Tereraitrent.org, https://tereraitrent.org/about.

4. The author is of this passage is questionable. While often attributed to pastor Chuck Swindoll, this quote appears in Nell W. Mohney's *Don't Put A Period Where God Put a Comma*. It's also attributed to Cosmas in *From Trials to Triumphs* by Ambassador Udo Moses Williams and Eno Udo Williams. Regardless of who said it, the sentiment is spot on.

5. "Have an Impossible Dream?," *MarieTV*.

6. Nick Bilton, "Steve Jobs Was a Low-Tech Parent," *New York Times*, September 10, 2014, https://www.nytimes.com/2014/09/11/fashion/steve-jobs-apple-was-a-low-tech-parent.html.

7. S. Andrews, D. A. Ellis, H. Shaw, L. Piwek, and J. Pietsching, "Beyond Self-Report: Tools to Compare Estimated and Real-World Smartphone Use," PLoS ONE 10: 10, October 28, 2015, http://doi.org/10.1371/journal.pone.0139004.

8. "Cost of Attendance," NYU Langone Health, https://med.nyu.edu/education/md-degree/md-affordability-financial-aid/cost-attendance.

9. Medha Imam, "$2.9 billion unused federal grant awards in last academic year."

第 4 章

1. Alicia Eaton, *Fix Your Life with NLP* (New York: Simon & Schuster, 2013).

第 5 章

1. Sandhya Bhaskar, "'There Is No Difference: Laverne Cox Talks Gender Identity in Memorial Hall," *The Panther*, March 4, 2019, http://www.thepantheronline.com/news/no-difference-laverne-cox-talks-gender-identity-memorial-hall.
2. Erin Staley, *Laverne Cox (New York: The Rosen Publishing Group, 2017)*.
3. Jazz Jennings, "Laverne Cox," *Time*, April 15, 2015, http://time.com/3822970/laverne-cox-2015-time-100.
4. Brian McVicar, "'Orange Is the New Black' Actress Discusses 'Gender Police,' Struggles Faced by Transgender People," *MLive*, March 19, 2014, https://www.mlive.com/news/grand-rapids/2014/03/orange_is_the_new_black_actres_1.html.
5. Jane Mulkerrins, "Laverne Cox: On Growing Up Trans, Orange Is the New Black and Caitlyn Jenner," *The Telegraph*, June 10, 2016, https://www.telegraph.co.uk/on-demand/2016/06/10/ laverne-cox-on-growing-up-trans- orange-is-the-new-black-and-cait.
6. "Laverne Cox at Creating Change 2014," National LGBTQ Task Force, February 5, 2014, YouTube video, 30:46, https://www.youtube.com/watch?v=6cytc0p4Jwg.
7. Mulkerrins, "Laverne Cox: On Growing Up Trans, Orange Is the New Black and Caitlyn Jenner."
8. Regan Reid, "10 Teachable Moments from Laverne Cox's Incredibly Inspiring Talk at WorldPride," *IndieWire*, June 26, 2014, https://www.indiewire.com/2014/06/10-teachable-moments-from-laverne-coxs-incredibly-inspiring-talk-at-worldpride-213999.
9. Benjamin Lindsay, "Laverne Cox on Breaking Barriers in

Hollywood & Advocating for the Marginalized," *Backstage*, March 8, 2017, https://www.backstage.com/maga zine/article/ laverne-cox-breaking-barriers-hollywood-advocating-marginaliz-ed-5039.

第 7 章

1. Alaska Injury Prevention Center; Critical Illness and Trauma Foundation, Inc.; American Association of Suicidology,"Alaska Suicide Follow-back Study Final Report," September 1, 2003—August 31, 2006, http://dhss.alaska.gov/SuicidePre vention/Documents/pdfs_sspc/sspcfollowback2-07.pdf.
2. Prem S. Fry and Dominique L. Debats, "Perfectionism and the Five-Factor Personality Traits as Predictors of Mortality in Older Adults," *Journal of Health Psychology* 14, no. 4 (2009),513–24, doi:10.1177/1359105309103571.
3. Fry and Debats, "Perfectionism and the Five-Factor Personality Traits"; Gordon L. Flett and Paul L. Hewitt, "Perfectionism and Maladjustment: An Overview of Theoretical, Definitional, and Treatment Issues," in. *Perfectionism: Theory, Research, and (Treatment, ed.* Gordon L. Flett and Paul L. Hewitt (Washington, DC: American Psychological Association, 2002), 5, http://dx.doi.org/10.1037/10458-001.
4. Ira Glass, "The Gap," produced by Daniel Sax, *This American Life*, January 25, 2014, https://www.thisamericanlife.org/extras/the-gap.
5. Carol Dweck, *Mindset: The New Psychology of Success* (New York: Random House, 2006).

第 8 章

1. Seth Godin, *This Is Marketing* (Portfolio: New York, 2018).

第 9 章

1. Jaruwan Sakulku, "The Impostor Phenomenon," International Journal of Behavioral *Science* 6, no. 1 (2011), https://www.tci-thaijo.org/index.php/IJBS/article/view/521.
2. Brené Brown, "Finding Shelter in a Shame Storm (and Avoiding the Flying Debris)," Oprah.com, http://www.oprah.com/spirit/brene-brown-how-to-conquer-shame-friends-who-matter/al.

后记

1. Booker T. Washington, Louis R. Harlan, and Raymond Smock, *The Booker T. Washington Papers,* (Urbana IL: University of Illinois Press, 1972).
2. Richard M. Lee and Steven B. Robbins, "The Relationship Between Social Connectedness and Anxiety, Self-Esteem, and Social Identity," *Journal of Counseling Psychology* 45(3), 338–45, http://dx.doi.org/10.1037/0022-0167.45.3.338.
3. J. S. House, K. R. Landis, and D. Umberson, "Social Relationship and Health," *Science* 241 (4865), July 29, 1988, 540–45, http://science.sciencemag.org/content/241/4865/540.
4. Savada Chandra Tiwari, "Loneliness: A Disease?," *Indian Journal of Psychiatry* 55(4): 320–22, October 2013, https://www.ncbi.nlm.nih.gov/pmc/articles/PMC3890922.